“告别”父母的方法

親は選べないが人生は選べる

[日]高桥和巳 著　董然 译

中国妇女出版社

Original Japanese edition published by Chikumashobo Ltd.
Simplified Chinese translation copyright © 2025 by China Women Publishing House Co., Ltd.
This Simplified Chinese edition published by arrangement with Chikumashobo Ltd., Tokyo, through CA-LINK International LLC and The English Agency (Japan)

著作权合同登记号 图字：01-2024-0160

图书在版编目（CIP）数据

“告别”父母的方法 /（日）高桥和巳著 ；董然译. -- 北京 ：中国妇女出版社，2025.1
ISBN 978-7-5127-2361-0

Ⅰ. ①告… Ⅱ. ①高… ②董… Ⅲ. ①人生哲学－通俗读物 Ⅳ. ①B821-49

中国国家版本馆CIP数据核字（2024）第007852号

策划编辑：王琇瑾
责任编辑：应 莹 王琇瑾
封面设计：介末设计
责任印制：李志国

出版发行：中国妇女出版社
地　　址：北京市东城区史家胡同甲24号　　邮政编码：100010
电　　话：（010）65133160（发行部）　　65133161（邮购）
网　　址：www.womenbooks.cn
邮　　箱：zgfncbs@womenbooks.cn
法律顾问：北京市道可特律师事务所
经　　销：各地新华书店
印　　刷：北京中科印刷有限公司

开　　本：125mm × 185mm　1/32
印　　张：6.5
字　　数：140千字
版　　次：2025年1月第1版　　2025年1月第1次印刷
定　　价：49.80元

如有印装错误，请与发行部联系

自由是对必然的认识。

——〔德〕黑格尔

序

我们的内心是自由的，还是遵从必然规律的
——原生家庭对一个人的影响不可小觑

出生在何种家庭，拥有什么样的父母，这件事我们无从选择，只能接受命运的安排。

但是我们很少去思考，这样的命运会对我们的生活方式及人生走向产生多大的影响。因为，除非遇到极其艰难的时刻，否则我们都可以根据自己的意愿自由选择我们的生活，并且相信自己在今后的生活中同样可以如此。所以并没有必要去思考这所谓的命运。

有一些人，却会对命运非常在意。例如，那些出生在父母常常吵架、缺少温暖的家庭中的孩

子。他们会想："如果我没有出生在这样的家庭……"他们会一边数着那些自己得不到的幸福，一边自暴自弃地认为凭自己的力量无法改变这样的人生，并且沉浸在对不公命运的感叹中。

因依恋理论而闻名于世的精神病学家约翰·鲍尔比（John Bowlby，1907—1990）在第二次世界大战时，曾对福利院中孤儿们的心理发育进行了一系列研究，并提出内部工作模型(internal working model，IWM)。这一理论指出，一个人在婴幼儿期拥有怎样的母亲（主要养育者)，亲子关系如何，对这个孩子今后的人生有着决定性的影响。

现如今，这一理论在心理学界仍然被广泛认可，相关研究也仍在进行。但关于对个人今后的影响度究竟有多少，研究者们有着不同的见解。

不同的成长经历，会让人在思考这一问题时有着不同的侧重点。拥有身心健康的母亲（主要养育者)、生活平凡且幸福的人，往往不会认为命运对他有着过多限制，而是会认为很多事情的选择权都掌握在自己手中。相反，对于被身心不健康的母亲（主要养育者）带大，甚至遭受过虐待、生活在不幸中的人来说，人生就是由出生的家庭所决定的，命运基本决定了一切。

虽然孩提时期的经历会令人们对命运产生不同的看法，但无论是平安幸福的人生，还是艰辛不幸的人生，其中都必然存在着命中注定的部分。可与之相对应，如果聚焦当下，则大多数人都会认为自己对于明天的生活有着 100% 的选择权。

决定你人生的，是你的心。

有很多想做的事情的人，会去行动、会去工作，一点一滴积累起自己的人生。**假如内心真的可以自由选择，那命运将会毫无用武之地，你的人生也将是完全自由的。**相反，若是必须在某些特定规则（必然性）下才能做出选择，那么自由的范围就会缩小，命运的影响力则会变大。像这样，自由与必然相互交织，共同编织着你的生活。

让我们先来看一看，必然性是如何影响人们的内心的。

举个例子，如果你的日常工作状态被同事夸奖，你应该会感到高兴吧？“被夸奖→感到高兴”可以被认为是心灵法则。既然是法则，那就应该适用于所有人，可根据我以往的经验，适用此法则的人数大约只占总人数的 90%。剩余的 10% 所感受到的并非喜悦，而是紧张。他可能会想“为什么突然夸我？太奇怪了，他肯定有什么其他的目的”。由于“被夸奖→感到高兴”并非适用于所有人，所以这也不能被称为心灵法则了。

不过，只要在鲍尔比的内部工作模型前加上一个条件，“被身心健康的母亲（主要养育者）抚养长大的人，在受到夸奖后会感到喜悦；被身心不健康的母亲（主要养育者）抚养长大的人，在受到夸奖后会产生戒备心理”，这样一来，适用于每个人的心灵法则便产生了。

心理学，就是一门探索心灵法则的学科。然而，它却很难像物理学那样给出完美的定律。

物理学中的定律是绝对的，是可以预测事物发展方向的。

当一个人向空中扔了一个球，只要这件事发生在地球上，那这个球就会像牛顿力学中所描述的一样，在空中画出一道抛物线后落在地上。这是不争的事实，是绝对的定律。我们的手机之所以可以正确显示时间及定位，正是由于人造卫星在遵循这一定律（确切地说是广义相对论）运行着。今后的每一天也会如此。所以我们才能利用手机按照计划时间到达我们想去的地方。

宇宙中的行星和空间站，依照力学定律运行着；汽车、地铁的马达，按照电磁学定律运转着。这是任何人都无法改变的。而化学反应的发生也是以物理定律为基础的。也就是说，人体以及细胞中的物质代谢、激素分泌等机能，都是无法摆脱物理定律的。生命活动既未违反物理定律，也不可能违反规律。只要未进入量子力学的范畴，那么就可以根据现在的情况对未来进行预测，这就是物理定律的绝对性。

那么，思维与情绪是怎样在大脑中产生并影响我们的呢？

脑科学界有研究明确表明，所有的思维与情绪活动都是在神经细胞的支持下得以实现的。而神经细胞的活动同样是遵循物理定律的，没有例外。

顺着这个思路，我们是否可以推测，心理活动也是遵循物理定律的呢？若果真如此，那么只要知道内心的起始状态，便可以预测今后所有心态的变化。这就是命运的必然性，不存在一丝自由的空间。

从出生到死亡，一个人的心理发展也经历了许多不同阶段，而各个阶段都有着决定性的心灵法则。例如，从心理发展阶段看，人们总是从学龄期进入到青春期，这个顺序是固定不变的。但另一方面，若只考虑学龄期或是青春期某一单独时期，个人在一定程度上是可以决定自己内心发展方向的。因此我们可以认为，在心理发展过程中，个人可以根据自己的意愿做出一些选择，但这些选择所影响的范围是有限的，心理发展的大方向是必然的，也是无法改变的。

作为一名心理学专家，我能清晰地看到心灵法则对人们行为的影响。正因为它们是无法被改变的，所以可以通过它们来预测未来。接下来，我会在介绍这些心灵法则的同时再次验证它们，并尝试找出自由与必然性各自的范围大小。

在漫长的人生中，究竟哪些是必然发生的，哪些又是可自由选择的呢？

命运，真的可以依靠自身的力量改变吗？

所谓改变命运、拥抱自由，其实就是要改变已有的生活方式、改变固有的思维模式。

而我也曾多次见过，通过思考自己想法、念头的由来，就可以超越心理发展必然性的事例，这是非常不可思议的。那么，如果能够意识到生长环境与父母所带来的影响，我们是否就可以摆脱命运的必然性？我们将大多数出生在普通家庭中的人与出生在虐待孩子的可怕家庭中的人放在命运的两端，看看人生中的自由与必然，以及身处其中的人们所追求的幸福究竟是怎样的。

目　录

第二章

试图摆脱父母束缚的逆反期

——孩子一边试图从父母身边解脱出来，一边又在努力抚平父母内心的伤痛

第三章

继承了父母人生观的小学生，生活将是稳定的

——对于即将进入小学的孩子来说，人生观是必须具备的

第四章

青春期，命运的觉醒

——反抗父母，试图超越父母的人生观

第五章

能够自由选择配偶的成年 I 期

——人是以什么标准来选择配偶的

第六章

三种心态的使用方法以及成年人获得自由的成年Ⅱ期

——父母本性是给人以温暖支持的心态

第七章

成年人的心智因了解二元对立而变得完美

——给生活带来各种烦恼的冲突

结　语

第一章

刻在 DNA 中的最初的必然
——依恋的形成

——从生物学角度看，通过亲近父母以获得安全感的依恋行为是一种必然人的一生是从“依恋的形成”这一必然现象开始的。刚出生的婴儿会寻找母亲（主要养育者），若母亲能给予回应，两者之间则会产生联系。这就是依恋的形成。婴儿这种寻找母亲的行为被称为依恋行为，是所有人与生俱来的，是刻在基因（DNA）中无法被改变的。不过，相信也不会有人想要改变这一点吧。

依恋是指为了获得安全感而亲近母亲的行为

依恋的形成源于婴儿与母亲双方的必然性

婴儿的必然性体现为依恋行为。

依恋行为，是鸟类及哺乳类动物与生俱来的特质。一只刚刚出生的小猫，不需要猫妈妈教，便会为了喝奶而主动亲近妈妈。这种亲近的行为便是依恋（attachment）。而且，小猫并非只有在肚子饿时才会去亲近猫妈妈，当它们感到冷、感到害怕时，也会聚集到猫妈妈身边。

鲍尔比认为，这种与生俱来的行为（依恋行为）是决定日后母子关系的基础。孩子为了获得心理上的安全感以及生理上的需求而亲近妈妈（主要养育者），并通过此行为获得身心上的满足。依恋是指当个体的恐惧、不安等情绪被强烈激发时，会通过接近特定的某个人来使自己获得安全感，或是恢复并维持身体原有的状态[1]。可见依恋行为的动机并非为了满足口腹之欲，而是更强调内心的安定。

为了获得安全感而亲近母亲，是婴儿的依恋行为。那么相应地，对婴儿的行为作出回应的母亲，所必需的则是共情能力。

共情能力是指母亲对婴儿感情、情绪感同身受的能力。听到宝宝的哭声，母亲会判断孩子是饿了、冷了、热了，还是需要人陪了，而且能够切身体会到宝宝的感受。如果宝宝冷了，妈妈也会感到冷；如果妈妈感到寂寞，就会通过抱孩子来填补寂寞。共情能力，是身为母亲所与生俱来的一种感知能力。

婴儿的依恋行为以及母亲的共情能力，这两个必然因素开启了我们的人生，依恋模式也由此形成。母亲与孩子的这两种行为都是与生俱来的，是必然的。当这两个必然被满足，孩子便会露出幸福的笑容。母亲看到孩子的笑脸，自然也会感到幸福。对孩子来说，母亲就是能够满足他身心需求

---

1 鲍尔比，1981，《亲子关系入门》，作田勉监译，星河书店。

（安心、安全、拥抱、哺乳、换尿布）的最初的人。

与母亲有着丰富感觉、情感交流的婴儿，能够感受到母亲对自己的支持，感受到自己是值得珍惜的，是被这个世界所欢迎的。这就是健全的依恋模式的形成。

人生始于依恋的形成或是基本信任的获得

埃里克森（Erikson，1902—1994）是心理社会发展理论学界知名的学者。他的理论中有与依恋模式形成相同的内容，被称为基本信任感的获得。他认为，婴儿会通过“他人所提供的具有一致性与连贯性的照顾”[1]来获得最基本的信任感。他人指的就是母亲或其他养育孩子的人，照顾是指满足孩子的身心需求。而一致性则是指孩子无论何时都可以享受到应有的照顾并从中获得安全感。埃里克森同样认为，基本信任的获得是心理发展的开端，也是人生的重要起点。

健康的依恋模式的形成，或者说获得了基本的信任，是孩子在这个世界上活下去的基础。

只要孩子与母亲（主要养育者）之间建立了依恋关系或

1 埃里克森，1997，《儿童和社会 1》，仁科弥生译，Misuzu 书房。

是基本信任，那这种关系就会自然而然地延伸至家庭的其他成员，父亲、兄弟、姐妹也会成为其依恋及信任的对象。这种感情甚至会延伸至幼儿园老师身上，有利于孩子更好地接受社会这个大环境。

孩子找母亲，母亲作出回应，这种依恋模式的形成毫无疑问属于心灵法则。那么，它就应该适用于所有的母子。然而可惜的是，只有约 95% 的母子适用此法则，另外 5% 的人则并非如此。因此，还需要将“约 95% 的母子”设为条件，这条心灵法则才能成立。

那么，另外 5% 未能满足依恋模式的形成这一最初的必然的孩子，究竟是什么样的呢？他们的人生又是怎样的呢？

未能满足最初的必然，
没有形成依恋模式的情况

遭受过虐待的孩子一生都无法躲避孤独、不安与紧张

刚出生的宝宝如果没能和母亲（主要养育者）形成依恋模式，没有建立起基本的信任关系，也就是说，即便哭也没有人来喂奶、即便寂寞也没有人来安抚的宝宝们，他们会怎样呢？

在一般的家庭中，这样的事情是不可能发生的。因为无论是孩子想要亲近母亲，还是母亲能够感受到孩子的情绪，都是再自然不过的事。而母亲一旦知道孩子饿了，绝不会不管不顾，这就是必然。

相信大多数读者都出身于普通家庭，无法想象这一必然怎么可能会“不”发生。

事实上确有 5% 的家庭，亲子间的依恋模式是没有形成的。

而这些家庭中，往往会存在虐待孩子的行为。

当很多人听到未能形成依恋模式的家庭，等于会虐待孩子的家庭时，可能会联想到那些被父母殴打的三四岁的孩子（身体的虐待），和因吃不饱饭而饿死的孩子（弃养）。因为这些都是在新闻报道中出现过的可悲的虐待儿童事件。

但在儿童因虐待致死的案例中，数量最多的其实是未满周岁的孩子（厚生劳动省《关于儿童虐待致死案例等的核查结果》的报告书，2003 ~ 2021 年）。未满周岁的孩子还无法独立行动，若没有他人的保护是无法生存下去的。可这些原本想要在母亲身上获得安全感的孩子非但没有得到保护，反而失去了性命。

当然，死亡案例的数量还是非常少的。即便遇到无法回应孩子的需求、无法与孩子共情的母亲，大多数孩子也是能够活下来的。只是他们无法形成健全的依恋模式，以及最基本的信任关系。

鲍尔比认为，未能与母亲形成健全依恋模式的孩子，会有以下几点特征：成人后容易长期处于不安的情绪中，害怕与人交往；不愿意求助他人，面对任何困难，都会选择独自解决；对他人总会过分在意，所以容易被内疚所困扰。当精神压力过大时，他们容易出现神经质、抑郁、恐惧等症状。这类人被称为焦虑型依恋（anxious attachment）。很多这种类型的人会在紧张与焦虑中孤独度过一生。

同样，埃里克森也认为没能与他人建立起基本信任关系的孩子，很难再去相信其他人，容易变得孤僻，不爱与他人交流，并会拒绝他人的帮助。这样的孩子由于无法达成自我认同（自我同一性），今后的人生都将在孤独、不安与紧张中度过。

孩子无法选择父母，出生在什么样的家庭纯属偶然，而这也是命运的一个重要岔路口。是遇到用心呵护孩子的父母，还是不负责任的父母，会对孩子的一生产生决定性的影响。

对于 5% 的孩子来说，他们的出生也许是个悲剧。

而对于 95% 的孩子来说，至少在刚出生时他们是幸福的。

不过，即便是在妈妈的爱中长大的孩子，他们的命运，即人生的必然性，也是各不相同的。例如，家庭条件是优越还是贫困，父母是恩爱还是经常吵架，父母双全还是单亲家庭……不同的命运给了孩子们不同的起点，自此，他们开始谱写自己的人生。

最初的必然，也就是形成了依恋模式的孩子，在今后的人生中能有更多自由选择的空间，这就是被虐待的孩子和普通孩子之间所存在的决定性的差距。而那些亲密需求被拒绝的孩子，他们的自由将受到严重限制。

但是，内心的宁静与自由，是所有人共同追求的。

内心的伤，源于渴望被爱却被拒绝

对孩子来说，第一个他人就是母亲（主要养育者）。

从母亲开始，他人的范围逐渐扩展至父亲、兄弟、姐妹，直至社会中的各色人等。所以，最初的他人究竟是爱着自己且能保护自己的人，还是无法与自己共情、不会保护自己的人，这对孩子的人生将会产生决定性的影响。

对他人最初的认知对孩子的影响，将会随着孩子的成长越来越大。

被有爱的母亲养大的孩子，内心会有怎样的伤

如果最初的他人，也就是母亲，是能够给予孩子安全感

的好人，那随后出现的父亲（或是主要养育者以外的第二养育者）在孩子看来“也肯定是个好人”。如果他的父亲真的是个好人，孩子就会认为“这个世界上基本都是好人”。在这样的家庭中长大的孩子基本不会受到心灵的创伤，无论在小学还是中学阶段都能过得阳光、快乐，对他人也能给予基本的信任。

如果母亲是好人，而父亲是坏人，那孩子就会亲近母亲，疏远父亲，同时会形成“这个世上有好人，但是也有坏人”这样的认知，并在紧张的情绪中长大成人。因为母亲的好，让他们能够区分人的好坏，也因为母亲对孩子绝对性的影响，让他们做出“好人比坏人多”这样的判断。

对于在这种家庭中长大的孩子们来说，父亲带来的紧张感将会成为内心的伤疤，伴随他们一生。下面来举个例子。

如果是个男孩，男性的长辈或上司会令他感到过度紧张，无法随心所欲地做自己。有时上司的一句无心之言也会让他感觉受到了伤害。因此，他有可能会尽量避免与男性接触，只与女性朋友交往。

如果是个女孩，会对男性抱有强烈的戒备心，与他们保持距离，对恋爱及婚姻的态度也会偏向消极。但也有些人会出于对男性的恐惧，反而去刻意取悦他们。

前面虽然用到了“好人”“坏人”来做区分，但其实这里的好人是指会爱别人也会爱自己的人，坏人则是指那些对他人心怀戒备、喜欢批评他人，也不会爱自己的人。

被没有爱的母亲养大的孩子，内心会有怎样的伤

一个人内心可能遭受的最大伤害，就是被没有共情能力的母亲虐待所带来的。这种巨大的伤害，将是一生都抹不去的。

若孩子认为母亲，也就是他生命中出现的最初的他人是无法保护他的坏人，那对于接下来出现的父亲（第二养育者），也会先入为主地认为他“一定是坏人”。

如果遇上一位好父亲，孩子就会认为“这世上虽然大多数都是坏人，但也有个别好人”。如果父亲不巧也是坏人，孩子便会认为自己出生在了一个艰苦的世界。

不过，无论父亲好坏，对孩子产生决定性影响的还是母亲（主要养育者）。因为母亲是每个人来到这个世界时最先遇到的人，她给孩子内心造成的伤害，无论多好的父亲都无法消除。这些孩子上幼儿园后，会对老师心存戒备；上小学

后，也无法对老师吐露心声；和朋友在一起的时候，也会感到紧张不安。

若是这些紧张不安的情绪伴随他们步入社会，有些人就会患上抑郁症、惊恐症等各种精神疾病。

内心的伤源于回避型依恋，认为自己没有被爱的价值

那些由于遭受虐待而未能形成依恋模式的孩子，他们内心所受的伤害可以说是最严重的心灵创伤。

仅次于它的，就是母亲（主要养育者）给了孩子足够的爱，父亲（第二养育者）却是个坏人。

排名第三的情况，是父母都是充满爱心的好人。这样的环境给孩子造成永久创伤的可能性虽然不大，却也并非完全不可能。

每个孩子内心都受过伤，或多或少，究其原因，是父母内心也都是受过伤的。

那么，内心的伤究竟是指什么？

根源只有一个——当与生俱来的想要被爱的需求不能被满足，人就会陷入自我否定，认为自己不应有这样的需求。

那些遭受虐待的孩子，从小就希望与父母亲近，可非但得不到回应，反而受到了恶劣的对待。因此他们不再依赖他人，也不会再向他人寻求帮助。他们会抑制自己对爱的渴望，告诉自己“对这事就别再抱希望了”。时间一长，他们就会生出“我不值得被爱”的念头，开启自我否定模式。若是偶尔自己又产生了想要被爱的念头，就会开始怨恨自己。这就形成了内心巨大的创伤。

这被称为回避型依恋。

内心的伤，其根源就是回避型依恋。而其最终结果就是自我厌恶，自我否定。这可称得上是最痛苦的事了。

重度回避型依恋往往出现在受虐待的孩子身上，但是在普通家庭中长大的孩子也会有回避型依恋的产生，只是程度没有那么严重罢了。毕竟几乎没有哪个家庭能够做到无论何时都能满足孩子被爱的需求。

在他人面前会选择自己喜欢的蛋糕吗？——回避型依恋测试

回避型依恋具体指什么？从哪些表现可以判断其程度是

否严重呢？让我们来举个例子。

周日，你和四位好朋友在家聚会。因为很久未见，你们聊得很开心。午饭后，桌上摆了咖啡和甜点。

现在桌上有五块蛋糕，是五种不同味道的，有红色的草莓蛋糕、奶油色的芝士蛋糕、巧克力蛋糕、圆形坚果蛋糕、方形栗子蛋糕，哪块看起来都非常诱人。大家嬉笑着对蛋糕点评了一番，并决定由你来最先做出选择，理由就是没有特别的理由。

现在轮到你来回答问题了。

你会怎么做？你的感受是什么？应该怎么办？请在 1 分和 5 分之间，选出最贴切你心情的选项。

1 -------------- 2 -------------- 3 -------------- 4 -------------- 5

1	3	5
1.很高兴地做出选择	3.迟疑地做出选择	5.坚持最后再选（客气）

这是出现在回避型依恋测试中的一道题。通过这个测试，研究人员发现，在普通家庭中长大、形成了健全依恋模式的孩子们平均得分是 2.5 分，而受到虐待、未能形成依恋模式的孩子们平均得分则是 4.33 分，差距是显而易见的。（立花有子《关于受虐待儿童在不良家庭环境中所形成的心

理状态“情感忽视”所进行的研究》，平均值为作者根据数据计算所得。)

一方面，拥有健全依恋模式的人之所以会得 2.5 分，是因为有些人“虽然会选择自己喜欢的蛋糕，但多少也会有些迟疑或是客气”，这可能也是普通成年人的真实感受。还有很多人表示“应该会毫不犹豫地选择自己喜欢的”“会感谢大家的好意，然后不再客气，选择自己喜欢吃的”“不会推辞。会向大家道谢，然后开心地去选自己喜欢的口味”，等等。

另一方面，受虐待的孩子会得 4.33 分，大概率是出于“怎么办，自己先选太不合适了，我可做不到”这样的想法。这些人有一个共同点，那就是他们都认为“比别人先选，自己会感到不安和恐惧”。同时，他们也表示“(这种情况下)相比满足自己的喜好，更希望能让其他人高兴”“如果不是最后一个选，就会感到非常可怕”“马上会去想周围其他人都喜欢吃什么。这种想法会让自己很累，所以还不如最后再选”“不管别人，只顾自己，会让我有罪恶感。我太不重视自己了吧”……

在父母的爱中长大、有着健全依恋模式的人，会毫不掩饰自己的开心，说：“哇——可以让我先选，太高兴了！”因为他们不会否定自己真实的感情、认为自己是值得被爱的，所以回避型依恋、自我否定的程度都会是最低的。

而受过虐待的人则会压抑自己的感情，说:“不，不用了，最后剩哪个我就要哪个。”在他们看来，自己是没有被爱的资格的。而表达自己的意见则更是他们不能，也不敢去做的。回避型依恋、自我否定在他们身上都表现得非常明显。

上述测试的对象均为成年人。可见，年幼时所受的心灵创伤，即便在成年后也会给人带来非常大的影响。

那么，你的回避型依恋测试得了几分呢？你限制自己表达真实的情感了吗？

限制的反义词是自由。

只是单纯地选蛋糕，就可以看出你内心的自由度究竟有多少。

虽然受过虐待的人会表现出严重的回避型依恋，但几乎所有人都会在不知不觉中封闭自己的内心。其原因大多与小时候和父母的关系有关，但他们可能对此并不自知。

只有意识到这一点，人们才能够做出改变。例如，回避型依恋的人在聚会上看到其他人选择蛋糕的方式，会意识到:“原来是可以根据自己的喜好来选择的啊。”于是，也会生出“下次就不和大家客气了，我也要选自己喜欢的蛋糕”

这样的想法。若是再次出现机会时，他果真按照自己的想法去做了，那么就会给予自己正面的评价，也会更爱自己。而他这样与以往不同的做法，也能让周围的人清楚地看到他的改变。所以，回避型依恋的人只有意识到问题所在，才可以改变自己的人生。而内心的伤，可以由自己来治愈。

然而，只有没受过虐待的人，才有可能轻易地发现自身的问题，并做出改变。那些受过虐待的人，是无法仅仅通过一场聚会就意识到自己属于回避型依恋的。因为人们内心所受的伤越深，就越容易把这个伤深藏在心底，以至于自己都以为已经忘记。所以，要想帮他们疗伤，需要让他们感受一些不一样的体验。

H女士所失去的40年时光

害怕与人交流，在孤独中死去

“就因为有那样一个妈，我也注定就是这样了，人生40年过得毫无意义。”

说这话的是H女士，40岁，独居。说这话时，她的语气很平淡。由于小时候曾被家长虐待，所以高中时她从家里跑了出来。20多岁时，她为了赚钱而去出卖自己的身体，可又被男人骗走了所有的钱。30岁时，她进入职业学校学习，34岁入职一家IT公司，终于过上了安稳的生活。

38岁，当她刚来接受心理咨询的时候，还会在对话中使用“妈妈”这个词。可当她意识到自己曾遭受虐待后，对她母亲的称呼就变成了“那个人”。因为自己母亲与普通母亲的差距，让她无法再用“妈妈”来称呼自己的母亲。

从出生直到20多岁进入社会，H女士都生活在孤独中。在她看来，她的身边都是敌人，没有人是值得她信赖的，唯一可以依靠的只有她自己。周围的人让她感到恐惧、紧张。光是活着，就已耗尽了她所有的精力。

因此，打扮自己、谈恋爱、出门旅行、吃美味的食物，这些在年轻女孩们看来普通得不能再普通的日常乐趣，她却从未享受过。她从没想过要给自己化妆，向来都只穿黑色的衣服。虽然很多次想到过自杀，但支撑她活下去的，却是“只要我足够努力，总有一天能够得到妈妈的爱”。

H女士在接受心理咨询后，意识到了自己的回避型依恋状态。自此，她开始学着爱自己，开始学着去相信身边的人。她的生活从此发生了巨大的变化。那些曾被她看作敌人的同事，开始不再令她生厌。她甚至还意识到，以前和她一起在风俗店工作的女孩中，也有心地善良的人；在职业学校的同学中，也曾有过关心她的人；现在的公司里，同样也有很多好心人。一旦她开始接受他人的善意，她的生活也就随之发生了翻天覆地的变化。也正由于她知道了“因为那个人的原因，我对所有人充满了猜忌与恐惧，而这样的生活竟持续了40年”，再回首过去时，她明白“自己虚度了一生”。

对于孩子来说，出生家庭是好还是坏，是很难做出判断的。无论什么样的生活条件，他们都只能选择接受。而小时候被灌输的思想，决定了他们长大后的命运。

这看似是一条不可动摇的心灵法则，可一旦遭受过虐待的孩子们认识到自己曾遭受虐待的事实，以及因此而形成的回避型依恋人格，就可以改变日后的命运。在直面自己内心的过程中，他们对人性有了更深的了解，甚至可以比在普通家庭中长大的孩子更加信任他人。

这就是当人摆脱必然发生的命运时出现的不可思议的现象。

H 女士很确信：“如果没有接受心理咨询，我的一生都将在恐惧中度过，最终孤独地死去。”

什么是心灵法则

前面我们介绍了依恋模式形成以及回避型依恋。这一部分我将对心灵法则做一个总结。

心灵法则有两个层次：一个是绝不会发生改变的；另一个是一旦意识到就可以改变的。这里，我们称前者为心灵法则。在本书的后面我还会介绍到，心灵法则总共包含 6 条。而后者，我们称之为心的必然性。

让我们先来了解一下心灵法则具体都有哪些。

首先是依恋模式形成，表明人对于依恋的需求是与生俱来的，并且会通过与母亲（主要养育者）建立联系以获取安全感，是无法改变的心灵法则。由于这是一条法则，因此这一需求虽在表现形式上会发生变化，但其本质将会伴随我们一生。最常见的变化就是将依恋对象转到他人身上。

其次，心灵的创伤其根源与回避型依恋密不可分。一个人对自己最基本的心理需求——依恋需求的否定，可以说就是对自我的否定。因此，回避型依恋会让人因自我否定而痛苦，这就是心灵法则之二。

这两条可以总结如下：

心灵法则①　人对于依恋的需求是与生俱来的，与他人的亲密关系也将是一生不断追寻的。

心灵法则②　回避型依恋会给人造成心灵的创伤，使人陷入痛苦。

接下来讲讲心的必然性。

从 H 女士的例子可以看出，虽说幼年时所遭受的心灵创伤会伴随一生，但只要认识到问题所在就可以做出改变。它并非像法则一样不可避免，而是具有一定的必然倾向，因此被称为心的必然性。

我们日常的心理活动，往往既包含心的必然性，又包含深层的心灵法则。藏于心底的心灵法则基本上是很难被觉察的。然而虐待是个例外。有些特殊情况或是除虐待以外让人烦恼的事，甚至是某件让人特别感动的事，都会让人想起它。

在我看来，理解心灵的自由、必要，以及幸福的关键就在于此。

第二章

试图摆脱父母束缚的逆反期

——孩子一边试图从父母身边解脱出来，
一边又在努力抚平父母内心的伤痛

当一向对父母言听计从的孩子开始坚持自己的主张，这就意味着孩子进入第一逆反期了。虽然他们主张的内容可能会幼稚、不合理，但他们真正想表达的是自己与父母的不同！与此同时，在孩子身上还会发生一件不可思议的事情，那就是他们在第一逆反期期间，会努力去修复父母内心的伤痛。

依恋模式形成后就会进入逆反期

依恋模式的形成，对我们与人交往的模式有着很大影响。可以说，在婴儿时期是否形成健全的依恋模式，决定了我们一生是否能够幸福。

据说，母亲与孩子之间的依恋模式，会在孩子两岁之前形成。

有句老话叫“三岁看大”。以前人们是按虚岁计算年龄的，按现在的计算方法也就是两岁。这与依恋模式形成的年龄是一致的。

在两岁前与母亲建立起健全依恋模式的孩子，可以敞开心扉，放心地去追求自由。

最初的表现就是第一逆反期。（第二逆反期，也叫作青春期。两者的共同点都是对父母的反抗。）

孩子之所以能在第一逆反期表现出对父母的反抗，正是因为在此之前亲子间的依恋模式已经形成。这时的孩子，他确信“无论发生什么，对父母来说我都是最重要的”“就算我反抗父母，他们也不会抛弃我”。也正是因为如此，他才敢于去反抗他生命中最重要的人，这种确信不会因任何事情而动摇。所以处于第一逆反期的孩子，无论父母怎样严厉训斥，都是不会停止反抗的。可见，母子间的依恋是多么强的羁绊啊！

在依恋模式形成后，孩子会进入第一逆反期，这也是一条不会动摇的心灵法则，是无法被改变的。概括来说就是：

> **心灵法则③　为了获得更多安全感，我们的内心会经历五个心理发展阶段，并按顺序依次发展。**

具体内容我们会在第三章“心理发展的五个阶段”中详细讲述。

最初的自我主张，就是做自己想做的事

有些母亲会为了孩子的教育问题来咨询我们，其中不乏一些因不知如何与第一逆反期的孩子相处而发愁的母亲。

叫他吃饭，他反而会拿出玩具来玩；叫他洗澡，他却倔强地说不要；早上起床想帮他穿衣服，他却非要自己穿，最后因为穿不上而哇哇大哭；晚上让他睡觉，他却看动漫看得停不下来；在超市中耍赖皮，吵着“我想要零食，给我买，给我买，给我买”；已经是大孩子了，在回家的路上还闹着要“抱抱，抱抱”……这个时期的家长，确实很不容易。

那么，这些时候都要顺着孩子吗？其实不一定。若是家长让孩子“去看动画片吧，想看多久看多久”，他真的会很专心地看一段时间。可不久之后他就会看腻，会向家长提出其他要求。所以他们的真实目的并不是想做某事，而是想要反对父母所做的决定。

反抗，才是他们的目的。

对这些发愁的母亲，首先我会告诉她们“孩子出现逆反期是好现象”。因为逆反期是孩子打心底信任母亲的证据，他们相信“无论发生什么，母亲都不会离他而去”。

听我这么解释，母亲们首先会感到很困惑，表情也变得很复杂。但随后，她们会重新审视自己与孩子的关系，表情也会随之放松下来。

那么，孩子为什么会做出这样让人无法理解的事呢？

这是因为随着孩子内心的成长，他们不想再由父母决定自己的行为，而是要由自己做主，这是他们“迈向自由”的第一步。

不过，虽然他们想自己做决定，可对于三四岁的孩子来说，能自己做到的事情毕竟有限。也正是因为他们能力还不够，所以总会提出一些不合理的要求。

从起床、洗脸、穿衣服，到吃早饭、上幼儿园……这一系列的日常行为都是父母教给孩子的。若是孩子能够理解并掌握每个行为和它们的先后顺序，就可以说父母在这方面的教育是成功的。这时的孩子并不会擅自改变做事的顺序，或是自己决定早饭要吃什么，但他们可以决定开始做每件事的时间。也就是说，他们不会要求做这、做那，但是会自己选择做或是不做。这就是他们最早出现的自我主张。

因此，要吃晚饭时，父母叫孩子：“吃饭啦，坐到桌子这边来。”他却会磨磨蹭蹭、迟迟不动，有时甚至会说出“不，我不吃了！”其实孩子并非不想吃饭，只是不想父母让干什么就干什么罢了。孩子往往最后还是会去吃饭，只是会显得很不情愿。

在这样的过程中，人类最初的自我主张觉醒了。

所以在此要再次重申，第一逆反期是非常重要的时期。

父母与孩子的亲密度，
决定了孩子逆反期的激烈程度

拥有会共情的母亲，孩子的第一逆反期很短暂

同样是逆反期，有些孩子不但时间长，而且反应很激烈；还有一些孩子却不会有过于强烈的表现。而决定逆反期长短以及激烈程度的，是孩子与母亲以往的亲密程度。

如果在孩子两岁以前，母亲都是以自我为中心，不去试图理解孩子的想法，那么孩子的逆反期表现就会比较激烈。相反，如果母亲不管多忙，都会想方设法照顾孩子的情绪，那么孩子的逆反期便不会有过于激烈的表现。

但是，与孩子共情，并不等同于要全盘接受孩子提出的

要求。我们来看个例子。

夏日的一天，母亲带着处于第一逆反期的孩子去超市买东西。回家的路上，孩子突然在一家小店门口停下，说:“妈妈，我要喝果汁。”可母亲因为已经拿了很多东西，不想再买了。

母亲A训斥道:“不可以，家里有果汁呢，忍忍到家再喝。再说，一会儿就到吃点心的时间了，怎么就不能再忍一下呢！”

而同样的情况，母亲B的反应则是:“今天真的好热啊，妈妈也渴了呢。不过咱们再忍一下，家里冰箱还有橙汁，等回家可以一边喝果汁一边吃点心。”

当然，这两种说法孩子都听不进去。但前者，孩子会一直缠着妈妈:“果汁！果汁！我要喝果汁！我要喝果汁！”并且越闹越凶。而母亲A的状态呢？不难想象，她大概会郁闷地想:“啊——又来了！这逆反期可真够麻烦的！”而母亲B的孩子虽然也会嘴里一直念叨着“我想喝果汁，我想喝果汁”，却会跟在母亲身后乖乖回家。

母亲A没有向孩子表达共情，而是完全拒绝了孩子，并且还要再教育一番。

母亲B则是先对孩子的感受表示认同，再适当提些建议。

与孩子共情，只需一两分钟的时间，其结果却截然不同。很多时候，家长们其实心里清楚应该像母亲 B 那样对待孩子，可生活、工作的压力实在让她们有心无力。

对于母亲 A 与母亲 B 来说，她们所拥有的共情能力都是天生的，是没有太大差异的。她们的不同在于，是否能够自然而然地去运用它。

而这一差距的存在与回避型依恋是相呼应的。

母亲 B 没有严重的回避型依恋，她是知道如何爱自己，也会放心大胆选蛋糕的人。

而母亲 A 则属于较严重的回避型依恋，会压抑自己的情绪。虽然不知道母亲 A 的孩子是否知道母亲的这种状态，但在我们看来，孩子反抗的其实是母亲对她自己内心的压抑。

第一逆反期的孩子，其实在努力帮助父母脱离使他们痛苦的回避型依恋

第一逆反期与孩子能够熟练掌握语言的时期是一致的。这个阶段，他们可以将以前无法表达的感受通过语言清晰地表达出来。而且这个年龄段的孩子还不懂社会上的各种规则，并不会被规矩以及大人的思想所束缚，内心是简单而纯粹的。

所以这时的他们常常会说出一些出乎大人意料的话。但大人有时会因为听不懂而忽略，或因为孩子的话很奇怪而很快忘记。

例如，在一个夫妻经常吵架的家庭中，孩子说："妈妈太可怜了，所以我就从天上下来陪妈妈了。"

不管这话是真是假，至少对于长期受丈夫虐待的妻子来

说，孩子是在表达他是站在妈妈一边的。孩子并不懂大人的世界，也不知道父母为何结婚，他只是单纯地认为妈妈很可怜罢了。能说出“从天上下来”这样不可思议的话的孩子，他的敏感以及直觉的准确是远超大人想象的。

处于第一逆反期的孩子，不但有着纯粹的内心，而且可以用语言表达自己的情感。这时的他们不但可以敏锐地感知父母内心的苦闷、扭曲，还可以感受到父母回避型依恋的严重程度。

父母越是隐忍，对自己要求就会越严格。他们会压抑自己的感情，强迫自己努力，不允许自己有丝毫放松，对于自己的懈怠会深感自责。而他们严于律己的原因就是内心所受过的伤痛。

当母亲对自身要求严格时，她们也会努力让孩子知道生活的艰难，并试图将自己的规则强加在孩子身上。而这样做的结果就是忽略了孩子的感受，使得孩子的第一逆反期表现得非常激烈。这是孩子在对母亲的过度严厉提出抗议。这点只要详细了解一下母子间的争吵内容就可以得知。

C 女士是一位 37 岁的单亲母亲，她有一个 4 岁的女儿小 K。前不久，小 K 的第一逆反期表现曾一度缓解，让 C 女士松了一口气。可是最近又严重了。

就在前几天，C 女士暂时结束了手中繁忙的工作，去幼儿园接小 K。在回家的路上，小 K 闹着想去附近的公园玩。

“妈妈，我们去公园玩吧，去公园吧，我想去公园。”

“小 K，你今天已经在幼儿园玩了很久了，咱们就不去公园了。改天再和小朋友玩吧。”

“不要，我就想去公园玩嘛！”

“想去公园玩什么呢？你看天快黑了。”

“想玩秋千和滑梯！”

“这些幼儿园不是也有吗？你今天不也已经和小朋友一起玩过了吗？”

“玩了，但是还想玩。”

“今天妈妈有很多工作，和小 K 一起吃完晚饭还要继续忙，所以我们得早点回家。”

“不要，不要，不要！我就要玩！”

C 女士是一位懂得共情、心地善良的母亲，所以最终带着小 K 去了公园。一进公园，小 K 就跑向了秋千，玩的过程中还会时不时看向坐在长椅上的妈妈。此时的 C 女士正捧着笔记本电脑安排工作：虽然明天是周六，但还是一早就去上班吧，今晚也再熬熬夜吧……

一抬头，C女士看到小K正看向自己。她笑着向小K挥了挥手，随即又低下头把注意力放回到工作上。这时，她好像听到了小K的声音“我想和妈妈一起玩”。但她看向秋千的方向时，小K却没有看她。

C女士突然意识到：“我已经很久没有陪孩子玩了……每次都是让她自己玩。”

的确，她的头脑常年被家务和工作所占据。无论是幼儿园的接送途中，还是吃晚饭的时候，抑或洗澡的时候，虽然她是和小K在一起，可她所想的全都是家务和工作。

于是C女士合上笔记本电脑，走到秋千旁，微笑注视着秋千上的小K。虽然是单亲妈妈，但是此刻她感到有小K的陪伴，无比幸福。

没过多久，小K对妈妈说：“妈妈，差不多回家吧，天快黑了，妈妈也累了吧？”

“没关系，妈妈不累，我们回家吧。”

“嗯！”

这天之后，小K的第一逆反期彻底结束了。

孩子对于父母内心的变化敏感且坦率，他们能够发现并指出连大人自己都未能意识到的问题。

被虐待的孩子
没有第一逆反期

第一逆反期是人生中非常重要的时期，因为孩子在这一阶段，第一次学会表达自己的主张。但我们在前面也提到过，要做到这一点的先决条件，是母子间要形成健全的亲密关系。

所以有些孩子是没有第一逆反期的。例如没有和母亲形成健全亲密关系的，也就是受过虐待的孩子。

在他们看来，反抗就意味着会遭到更恶劣的对待，会被丢下不管，他们的内心被一种深不可测的恐惧所占据。所以他们要么是从一开始就不敢说“不”，要么就是曾经说过但很快就放弃了。

那么，没有第一逆反期的孩子会怎样呢？

他们会不懂如何表达自己的主张。

没有自我主张的孩子

没有第一逆反期的孩子，他们的生活是怎样的？没有自我主张的孩子，生活又是怎样的？说一件发生在幼儿园里的事吧。

一个孩子正在教室一角玩玩具，这时另一个孩子把他手中的玩具抢走了。这种情况下，孩子会做出怎样的反应呢？我们来看看小A、小B、小C三人的表现。

小A哭着看向老师，想要寻求帮助。

小B说："这是我的，还给我！"并把玩具抢了回来。

小C则是默不作声，任凭玩具被人拿走，然后走向玩具箱去找其他玩具玩了。

小A和小B是懂得表达自己主张的孩子。对于小A来说，他哭着向老师寻求帮助，他的主张便是让老师帮助自己。小B则直接自己抢回了玩具，很厉害呢。

而小C则没有提出自己的主张。即便他当时依然想玩那个玩具，最终也还是选择了放弃，转身去找其他玩具了。这就是一个没经历过第一逆反期、没有在家中学会表达自我主张的孩子。

这种情况对于小C这样的孩子来说，其影响是会伴随一生的。例如我们在第一章所举的例子，在桌子上放五块蛋糕，并让他们最先做出选择时，他们所感受到的并非喜悦，而是困惑与不安。

没有经历过第一逆反期的孩子，他们的痛苦有时甚至会表现为精神障碍——反应性依恋障碍或脱抑制性依恋障碍。这两者都属于依恋障碍。

依恋障碍的两种类型：反应性依恋障碍和脱抑制性依恋障碍

反应性依恋障碍与脱抑制性依恋障碍是由虐待（漠视）而引起的儿童心理创伤或应激障碍。这在世界通用的精神科诊断标准 DSM-5[1] 中有明确的记载。

让我们再看两个例子吧。

幼儿园的院子里，孩子们正在追逐嬉戏。小A不小心摔了一跤，膝盖被蹭破皮，渗出了血，看着就很疼的样子。

---

1 《精神障碍诊断与统计手册（第五版）》。

小A哇的一声哭了出来，同时开始寻找老师的身影。当老师来到身边后，他抱住老师开始寻求安慰，随后便跟着老师回教室处理伤口去了。伤口处理好，小A的心情也恢复了平静，再次露出了笑容。

而小C遇到这种情况，却不会哭出声，而是一个人默默看着血一点点渗出。他强忍着痛，不去寻求别人的帮助，可能连表情都不会变一下。当老师发现了问题，带他回教室处理伤口时，他依然默不作声。处理完伤口，他也只是低着头走回自己的房间，脸上没有丝毫放松的迹象。

像小C这样的孩子，大概率会被诊断为反应性依恋障碍。

在DSM-5中对反应性依恋障碍是这样描述的：

即便是面对自己的养育者，在遇到困难时也会尽量避免去求助；受到他人帮助时，很少会做出反应；几乎不与他人交流；不表达自己的感情（尤其是积极的情绪）；总是会感到沮丧、悲伤和恐惧……

与不与人亲近、不会寻求帮助的反应性依恋障碍的孩子不同，脱抑制性依恋障碍的孩子则有着截然相反的表现。

公园里，一个二年级的女孩正在荡秋千。她的表情却非常阴郁，就像戴了一个面具。这时，一个40多岁的男人走了过来。女孩跳下秋千来到男人身边，换上了满面的笑意。男人也对女孩笑了笑，再次走开了。而女孩又回到了秋千上，换上了那张没有表情的面孔。

这个女孩的行为并非想要与他人建立亲密关系，而是在过度迎合大人，其内心其实是空虚的。

DSM-5 中认为，脱抑制性依恋障碍的孩子不但会积极主动去接近陌生的大人，还会在语言甚至肢体动作上表现出过分的自来熟。但是当大人或养育者离开时，他们既不会跟随，也不会留恋……

在他们看来，包括父母在内的所有大人都是让人害怕的，他们只好用自己的笑去讨好大人。恐怕对他们来说，家庭也并非可以让他们感到安全的地方。

反应性依恋障碍与脱抑制性依恋障碍所形成的原因，是不恰当的养育方式或是虐待（漠视）。

这两种奇妙的行为方式，正是虐待所带来的两种结果的极端表现。但也正是由于这些极端表现，才揭示了人类深层的心理活动。

有些孩子并未受过虐待，但他们的家庭环境并不温馨和睦，这样的孩子也有可能出现类似反应性依恋障碍与脱抑制性依恋障碍的行为，只是程度没有那么严重而已。例如在院子里摔了跤，他们可能也会忍着不哭；遇到困难会犹豫要不要寻求帮助；面对学校的老师时，则总会带着笑容做出好学生的样子。

在爱中成长、建立起健全依恋模式的孩子，会出现明显的第一逆反期，并通过这一过程学会表达自己的主张。

这一阶段结束后，他们的心智发展就达到了小学生的水平。

第三章

继承了父母人生观的小学生，生活将是稳定的

——对于即将进入小学的孩子来说，人生观是必须具备的

第一逆反期结束后，从孩子四五岁到十一二岁这一心理发展阶段被称为学龄期（童年期），相当于孩子的小学阶段。

在这一时期，孩子开始拥有自己的人生观。而所谓人生观，就是一个人所主张的“我要以这种方式在社会中生活”，是一种生活方式的概括。

即便是小学生，如果没有自己的人生观，也是无法融入学校这个小社会的。所以在学校中，无法表达自己主张的孩子往往也找不到自己的位置。

当孩子开始拥有自己的人生观时，父亲（第二养育者）的重要性便随之增加了。因为父亲所象征的就是社会。但是在双职工家庭，或是没有父亲的单亲家庭中，母亲的社会属性则会开始加重。孩子开始在意母亲所从事的工作。

小学生也必须拥有人生观的理由

在小学，孩子们开始拥有只属于孩子的社交圈

在幼儿园里，孩子们是不需要人生观的。因为那时的他们还无法建立只属于孩子的社交圈，孩子间的关系势必要通过大人（老师、家长）来协调。对孩子来说，大家都只是孩子，是平等的。不管是富人家的孩子，还是穷人家的孩子；不管是会画画的孩子，还是不会画画的孩子。即便家长会在意这些，在孩子看来也是没有差别的，大家都是好朋友。

升入小学后，情况就不同了。孩子们拥有了更广阔的视野，开始建立只属于他们自己的社交圈。让我们姑且称之为学校社会吧。

在这里，孩子们开始在没有大人（老师、家长）的干预下与其他人交往。他们也不再像在幼儿园时那样认为大家都一样了。他们开始注意到每个人的不同，例如小A学习好，小B跑得快，小C很安静，小D特能吃，等等。孩子们在对彼此的接受中，逐渐建立起了学校社会。

既然是社会，那自然会有一些孩子颐指气使，有些孩子唯命是从，还有些孩子会远离这些关系。另外，在学校里，孩子们不再借助老师的力量，而是靠自己来协调与朋友间的关系，出了问题也会想办法自己解决。虽然发生重大问题时老师和家长也会介入，但日常的小事则完全交由孩子们自行处理。

在依恋形成期以及第一逆反期，孩子们的心智水平由只限于母子之间，扩展至包含父亲、兄弟、姐妹在内的整个家族。而在学龄期，则会扩展至社会（学校）。这时，他们便拥有了家庭及学校两个心灵居所。

当你对一个学龄期的孩子说："虽然你在家淘气又任性，在学校却很听话，是个好孩子呢。"他是可以理解这话的意思的，因为他也清楚自己在家和在社会的表现是不同的。但幼儿期的孩子，因为还无法意识到自己在两个场合的不同，所以还无法理解这句话。这也是心智水平的差异所造成的。

让自己在学校社会中拥有一席之地的方法

孩子离开家人与老师的帮助，想要自己融入学校社会，就必须确保自己拥有一席之地。

在家里，孩子只要依靠依恋的力量便能接近母亲，他的存在与在家庭中的地位也能获得母亲（主要养育者）的承认。但是在学校，大家是平等的，没有人会像母亲那样无条件接受自己。所以，只有让他人了解自己是怎样的人，才能够获得伙伴的认可，才能获得自己的一席之地。

孩子在学校社会中所主张的自我价值，就是他的人生观。若是没有自己的人生观，即便在教室中拥有自己的课桌，内心也会无处安放。

是否能够主张自己的人生观，并为自己谋得一席之地，决定了孩子是否能够顺利融入学校社会。若是可以，那孩子便能以阳光、开朗的状态安心度过学龄期。

虽然是少数，但也有些孩子不会主张自己的人生观，无法融入学校社会。他们得不到大家的认可，被排挤在外，甚至被别人欺负。有些孩子因此辍学或者变得闭门不出。

学会父母的生活、处世之道是孩子的幸福

人生观，是被同伴所认可的自己的生活方式

一个人该如何生活、人生目标是什么、价值取向是什么……所有这些汇总在一起，便是一个人的人生观。

每个人的人生观都不同，它的外在体现就是人们对外主张的自己想要的生活方式。这种主张不限于语言，还包括服装、饰品、兴趣、生活习惯等。得到他人的认可，不但可以使自己获得安全感，还可以在社会中找到属于自己的一席之地，让人获得归属感。

有些人认为："这个世上最重要的就是钱！"而且他们

也希望自己的观点得到他人的认同："是吧，你也这么认为吧！"如果对方回复："没错，钱确实很重要。"他们就会因为获得认可而感到安心。但如果对方反驳说："你说得不对，有很多东西是比金钱重要的。"那两人之间便很可能发生争执。

这种情况下，即便对方不赞同你的观点，双方所讨论的内容也应是承认彼此拥有不同的人生观。你有你的想法，我有我的意见，要接受这个社会中存在与自己不同的声音。就像金钱至上的人生观虽不被所有人接受，但也必须承认这确实是很多人所信奉的。

不过，社会上也存在一些无法被他人所接受的人生观。大多数人在听到这类人生观后，往往会因不接受或不理解而对此人敬而远之。

举个例子。在有些小学生眼中，老师就是权威，老师的话是必须服从的。这样的情况出现在小学低年级时还情有可原，但在进入高年级之后，这样的孩子便会遭到排斥。大家会认为"那个人总是讨好老师，装得跟个好学生似的"。更严重的情况，这样的孩子甚至会遭到霸凌。

小学生的人生观无法超越父母的人生观

孩子们虽然在学校社会中就开始表达自己的主张，但在这一阶段，还没办法自由选择自己的人生观。因为在他们的认知中，除了父母的人生观，并不存在其他选项。

成年人有着各种各样的人生观，例如学历至上、金钱至上、重朋友、讲义气、重视与对手的竞争、喜欢一个人安静生活、喜欢与人互帮互助等。只要不是过于极端的人生观，在学校社会中都是可以被接受的。孩子们虽还无法分辨这些观点的好坏，却在不知不觉中接受了它们。

孩子在继承了父母的人生观后，会在学校社会中坚持自己的生活方式，也就是人生观。“我喜欢这个”“我想这样做”“这是好事”“那件事不能做”等。

如果仔细观察每一个小学生，就能够了解他们的人生观，并可由此想象出他们父母的人生观。

有些孩子会很在意和朋友间的关系，很可能是受到他们父母人生观的影响。还有些孩子自由奔放，会努力提升自己的能力并为自己喜欢的事而奋斗，从这些孩子身上，我们能够看到他们父母自由而宽广的胸怀。

若你询问一个小学生“你的人生观是什么？”，他很可能无法精准地用语言描述他当时的生活方式，但很明显，他们确实在以某种方式生活。而且他们的人生观是在进入小学之前，也就是心理发展还处于幼儿期时就从父母身上学到的。因此，若是父母在孩子上小学后才告诉他们“要好好学习，学习是最重要的！”恐怕为时已晚。因为父母一直以来所展示出的人生观，已经成为孩子的行为规范。

能改变孩子人生观——感受内在一致性的能力

学龄期孩子的人生观虽无法超越父母人生观的范围，但只要仔细观察便会发现，孩子会在父母人生观的基础上做出更适合自己的改动。虽然表面看上去与父母的一致，但其实并不尽然。在这里我们既能看到事物发展的必然性，也能看到孩子在一定范围内享受到的自由。

而孩子是否可以拥有与父母不同的人生观，取决于孩子感受内在一致性能力的强弱。

感受内在一致性的能力，是指能否敏锐地感知到自己内心的矛盾。

例如父母希望孩子和所有人搞好关系，但孩子在学校受到了某些人的欺负。这时，孩子就会感到困惑：“和这样的人也要搞好关系吗？”若是他能向父母提出这个疑问，就可以说他感受内在一致性的能力很强。相反，如果孩子被欺负也没有过多反应，说明他这一能力偏弱。

孩子所拥有的感受内在一致性的能力可以在多种场合发挥作用。

我们在前面说过，孩子在第一逆反期会修复父母内心的伤。让我们再回顾一下那个例子。单亲妈妈 C 女士去幼儿园接小 K。在回家的路上，小 K 说什么都要去附近的公园玩。而这一行为改变了她妈妈的生活方式。因为妈妈虽然嘴上说着陪小 K 玩，脑子里却想着其他的事。小 K 则依靠她自身感受内在一致性的能力，捕捉到了这一问题。

在下一个心理发展阶段，也就是青春期，孩子的这种在父母人生观的基础上逐渐演变出属于自己人生观的能力将得到极大发展。

大多数的小学生就是这样，以父母给予的人生观为基础，在学校社会中积极展示自我、表达观点、结交朋友、学习知识、丰富自己的内心。

孩子之所以健康，是因为他们信任父母。

孩子之所以充满自信，是因为他们信任父母。

孩子之所以能够放心大胆去追求自己喜欢的事物，也是因为他们信任父母。而且在某些领域，有些孩子的知识储备量甚至超过大人。

无法接受父母人生观的孩子的烦恼

有些父母有着较为极端的人生观。很常见的一种，就是成绩重于一切。他们逼着孩子学习，学习，还是学习。要孩子考班级第一，考年级第一，进最好的中学。

但对于学龄期的孩子来说，他们无法认同这样的人生观，又不知道这样的生活并不是唯一的选择。于是他们陷入自责，却又努力地践行着父母的人生观，生活得如履薄冰。

长期生活在这样的环境中，孩子身心疲惫，便会逐渐出现各种症状。例如不明原因的腹痛或头痛、啃指甲、拔毛癖、斑秃、抽动症、选择性缄默症、夜尿症、拒绝上学、霸凌等。这些都是孩子试图按照父母的价值观生活而导致自己过度紧张时所发出的求救信号。

父母的人生观带给孩子的压力——拔毛癖

这是发生在一个家庭中的真实案例。

女孩小 R 是一个小学生，在她小学四年级的时候，她的爸爸突然提出要让她参加中学的入学考试，并开始猛抓她的学习。最开始，小 R 还会因为晚上爸爸会认真给她检查作业而感到高兴。可随着爸爸买回来的练习册越来越多，小 R 开始害怕夜晚的降临。

“为什么连这么简单的题都不会！”每当听到爸爸的训斥，小 R 都会用手敲打自己的头。以前那个会在吃饭时兴高采烈和父母聊校园生活的孩子，开始变得沉默了。那个原本活泼的女孩，现在走路时却耷拉着脑袋。

有一天，她妈妈打扫卫生时，发现小 R 书桌周围散落了很多头发。这时她才发现，女儿头顶的头发已经很稀薄了。原来小 R 只要坐到书桌前，就会不自觉地去拔自己的头发，她患上了拔毛癖。

出于对父母的信任，小 R 不会去违逆爸爸的教育方针，并且努力承受着由此带来的压力。于是，在她自己也没有觉察到的情况下，她出现了拔头发这一行为。

妈妈原本就反对让小 R 参加中学入学考试。她是一位平和淡然的妈妈，希望小 R 能在自由、宽松的环境中成长。因此，在爸爸提出让女儿参加中学入学考试时，夫妻二人就没少发生争执。当妈妈意识到小 R 已极度痛苦时，她再次向丈夫提出不让孩子参加考试，两人再次发生激烈争吵。妈妈为了保护孩子，毫不退让，甚至提出了离婚。最终丈夫妥协了，不再要求孩子参加中学入学考试。

没过多久，小 R 就恢复了往日的光彩，一头黑亮的头发也回来了。

压力所产生的冲突，最初形成于小学时期

压力，就是内心的紧张情绪。

小 R 内心的紧张因素包括：

A.“要听爸爸的话，必须好好学习。”

B.“但是学习太痛苦了。”

这两者的冲突，导致了小 R 内心的紧张。

“我好紧张，我明明应该这样做（A），却做不到（B）。”像这样在 A、B 两个对立面之间，努力坚守一方的状态，就叫作冲突。

事实上，人们内心所有的紧张、压力、烦恼都源于冲突。只要细想就能发现，生活中所有的烦恼，其根源总会存在着强烈的冲突。这种冲突最初在孩子心中形成，就是在学龄期。

有些人在人生观的影响下，万事都会先考虑应该怎样，也就是A这样的想法。在上面的例子中，小R就在努力将爸爸的人生观当作自己的人生观。

而B这种想法，则是我们时常会出现的真实感受。

在学龄期，孩子开始有了自己的人生观，因此冲突的产生成为必然。若是A与B的对立并不是特别强烈，孩子就能努力去完成那些她“应该”做的事，幸福地度过这一时期。然而，爸爸偏激的人生观激化了A、B的对立，小R也终于无法再承受由此产生的压力。

对于父母所提出的参加中学入学考试这类强硬的要求，孩子只有进入青春期以后，才有能力反抗，才敢于对父母说出:“烦死人了！我才不愿意呢！”而学龄期的孩子则只能乖乖听父母的话，按父母的要求做事，遵守着父母的人生观。也正是因为他们不会抱怨（不敢抱怨），所以会发生拔毛、抽动等异常行为，或是出现头痛、腹痛等身体上的症状。进入青春期的孩子因为敢于提出异议，所以不会出现拔毛、抽动这类症状，但青春期内心的冲突会以其他特有的症状表现出来。

心理发展的五个阶段

心理的发展是为了获得更多安全感

前面我们介绍了心理发展的三个阶段：婴幼儿期、第一逆反期和学龄期。所谓心理发展，就是对世界的认知不断拓展的过程。而发展的根本原因，就是对安全感的追求。

例如，当你家隔壁搬来了一位新邻居，你最开始会因不知对方是什么样的人而感到不安。但是随着见面、交流的次数增加，安全感也会随之加强。因为你已经知道他是怎样的人了。同样，当我们面对未知的世界，会希望通过了解它而获得安全感。我们的内心总是在寻找更安稳、安全的环境，在试图了解大家的普遍心态。这就是心理的发展。

对于刚出生的宝宝来说，他的世界只是身边一点点空间(大概就是婴儿床的范围）和他身边的妈妈（主要养育者)。所以，他只要能理解自己与妈妈的关系，就能感到安心。对于第一逆反期的孩子来说，他的世界中不仅有包含父母、兄弟、姐妹在内的家人，还拓展到了幼儿园。到了学龄期，他会接触到学校这个范围更大的社会。在学校社会中，能够理解自己与他人的关系，能够了解与人的交往之道，并找到适合自己的位置，就可以从中获得安全感。

最终，内心的广度将会扩展至整个社会、国家、民族、人类、地球，甚至宇宙。

我们所说的“拓宽内心的广度=心理的发展”，并不仅限于对物质空间认知的拓展，还包括要清楚地知道自己在这空间中应扮演什么样的角色，如何与他人相处才能让自己获得安全感。也就是说，要将只有自己和妈妈（主要养育者）的世界，扩展至整个家庭、学校、社会，并学会与他人建立起稳定的关系。

现在，我们来具体了解一下心理发展的几个阶段。

这方面最有名的，也是最被广泛接受的，是埃里克森所提倡的社会心理发展理论。他将人类心理的发展分为 8 个阶段，如表 1 所示。表的左半部分为埃里克森的划分方式。

而本书的划分方式则显示在表的右半部分。这是我在实际接诊，以及做心理指导时所使用的分类方式。它以埃里克森的划分方式为基础，因此两者相同的部分我用阴影标出。两者的不同在于我增加的第一逆反期，以及将埃里克森提出的青年期改为青春期（第二逆反期）。关于这点，我并非单纯地将青年期这一名称改为青春期。在我看来，青春期并非一个完整的心理发展阶段，而是由学龄期向成年期过渡的阶段（过渡期 = 逆反期），因此和第一逆反期一样，是不能单独作为心理发展的一个阶段的。

表 1　心理发展阶段

埃里克森[1]		本书		内心的广度
8 个阶段	发展课题	5 个阶段	发展课题	
婴儿期	基本的信任	婴幼儿期	依恋的形成	家
幼儿初期	自律性	第一逆反期		
游戏期	自主性	学龄期	继承父母的价值观	学校
学龄期	勤奋性			
青年期	自我同一性	青春期（第二逆反期）		
成年初期	亲密性	成年Ⅰ期	自我责任的确立	社会
成年期	繁衍	成年Ⅱ期	父母角色的确立	人类
成熟期	整合	成年Ⅲ期	接受死亡	宇宙

1　埃里克森，1973，《自我同一性　身份与生命周期》，诚信书房。

埃里克森将心理发展的最初阶段命名为婴儿期，本书称其为婴幼儿期，这两者几乎是相同的。在该阶段所面临的问题上，埃里克森认为是“基本的信任”，本书提出的是“依恋的形成”，虽然名称不同，但从内容看基本是一致的。

每个阶段的发展课题是指，只要达到这一目标，在这期间心态就能稳定下来。在婴幼儿期阶段，获得基本的信任就是指能够信任父母；能够形成依恋关系就是指能够从父母处获得安全感。只要能得到信任或安全感，这一时期的孩子状态就会是稳定的。

相反，如果孩子的需求无法被满足（课题无法达成），他们就会处于极度紧张的状态。

心理发展是不可逆的

我在第一章介绍了人与生俱来的依恋关系，并提出了两个心灵法则：依恋模式形成及回避型依恋。

在第二章中，我指出第一逆反期必定是在依恋模式形成后才会出现的。同时介绍了心灵法则③“为了获得更多安全感，我们的内心会经历五个心理发展阶段，并按顺序依次发展”。正如前面所讲，心理的发展是为了获得更多的确定性及安全感而按顺序依次进行的，不会出现越过某个阶段或是倒退的情况发生。另外，一个阶段的达成，也意味着前面的所有课题都已完成。将这三个法则总结起来，便是下面几条：

心灵法则①　人对于依恋的需求是与生俱来的，与他人的亲密关系也将是一生不断追寻的。

心灵法则②　回避型依恋会给人造成心灵的创伤，使人陷入痛苦。

心灵法则③　为了获得更多安全感，我们的内心会经历五个心理发展阶段，并按顺序依次发展。

未能继承父母人生观的孩子，会被误认为有发育障碍

前面曾提到，孩子如果想融入学校社会，想和朋友维持稳定的关系，就必须拥有自己的人生观，而这往往是从自己父母处学习、继承来的。

然而，受到父母虐待的孩子是不会继承父母的人生观的。因为会虐待孩子的父母，他们的人生观本身就是极端的，是不被社会所认可的，对孩子来说也是无法接受的。

这样的孩子在学校社会，尤其是小学低年级时，是很难融入大家的。他们不会表达自己的观点，也不知如何才能让朋友接纳自己。曾经有个遭受过虐待的孩子说：“我在教室里从来都是自己待着，感觉自己就像飘浮在半空中，完全没办法和其他人在一起。”而在周围人看来，这个孩子则像存在某种程度的发育障碍。

“我和别人不一样”——不懂什么是“朋友”的孩子

对于遭受过虐待的孩子来说，要理解其他孩子是以什么样的情绪在做游戏、学习、与朋友相处，是件非常困难的事情。

举个例子，一个孩子骄傲地对同学们说：“我昨天过生日，爸妈给我买了 ×× 游戏呢！”其他人会给出“啊！太厉害了，好羡慕啊”“太棒了”“恭喜”等正面反馈，也会出现例如“那个游戏一点意思都没有”“我早就有了”等负面反馈。但不管怎样，这个孩子表达了自己想要表达的内容(炫耀)，周围人也对此给出了不同的回应，他们之间的交流也因此加深了。这就是与朋友在一起的意义，无论是炫耀的孩子，还是对此做出反应的孩子，他们都明确地有着自己的定位。

但是，受过虐待的孩子无法理解那个炫耀生日礼物的孩子在说什么。因为他既没过过生日，也没收到过父母送的生日礼物。所以他不知道要做出什么样的反应才是合适的，只能保持沉默。也因为他无法融入大家的谈话，所以只能站在远处看着他们。

受过虐待的孩子为何无法理解老师的意图

这是发生在学校体育课上的一件事。

老师大声对孩子们说："大家过来集合！"孩子们听到后纷纷跑向老师，可受过虐待的孩子却无动于衷，独自留在操场的角落。这样的情况多了，孩子身上的标签也逐渐多了起来，例如没有集体观念、不理解老师的指令、不合群、反应奇怪等，甚至有时还会被误认为有发育障碍。

在被父母带来我诊所就诊的孩子中，有很多就被误认为患有孤独症或多动症。

发育障碍的诊断，主要是测试孩子是否具备该年纪应有的社会常识、理解能力以及沟通能力。若是只看这些测试项，那无法理解老师指令的孩子就会被认为是不正常的、发育迟缓的或是有发育障碍的。

但若是把那些所谓的常识丢在一旁，去认真倾听孩子的表达，以孩子的角度去考虑他在学校的境遇，就可以理解他的想法。

在诊室，我问小A："上体育课的时候，老师让大家过去集合，你为什么没过去呢？"

……

小A神情紧张，一句话也不说。

“我猜，你是不是不知道老师说的‘大家’也包括你在内呢？”

“嗯……”小A的表情缓和了一些，回答道。

“为什么你觉得‘大家’中不包括你呢？”

“因为不管在家还是在学校，我一直都是一个人……”

“老师叫大家集合的时候，你是怎么想的？”

“呃，我不知道该怎么办……”

看来，小A认为自己不属于老师口中的“大家”之列。因为之前他没能听懂其他人关于生日礼物的对话，所以这次才会犹豫自己是否要过去，如果过去会不会反倒惹老师生气。但是对于自己不包含在“大家”中这一想法，普通人是无法理解的，因此小A会被误会患有发育障碍。

但其实小A并非患有发育障碍。他可以理解发生了什么，可以记住当时的情景，也知道自己在做、在想什么，甚至可以说是个很聪明的孩子。另外，从他“因为不管在家还是在学校，我一直都是一个人”这句客观的自我分析可以知道，他的感受内在一致性的能力是很强的。

所以当小A升入小学高年级之后，就能够根据老师的指令做出正确的反应了。同时因为学会了迎合周围的人，他也不会再被怀疑有发育障碍了。而且，因为比其他孩子理解能力强、反应更迅速而成为“好学生”的孩子也并不少见。这些孩子在没有其他人帮助的情况下，自己搞清楚了学校的组织构成，学会了各种情况的应对，以及从没有人教过他们的处世之道。他们对社会的理解因为没有受到父母人生观的影响，反而是完美的，也正因此他们才成为完美的好学生。

与周围格格不入的孩子、完美的好学生，如果换个角度来观察他们，必定会有新的发现。在每个班里，必定都有一两个像小 A 这样的孩子。

学龄期的孩子有两条不同的发展路径：一是有着值得信赖的父母的普通孩子，二是婴幼儿时期未能形成健全依恋模式的被虐待儿童。

信赖父母的孩子，会将父母的人生观作为自己人生观的基础。而未能形成健全依恋模式的孩子，需要辛苦的付出才能适应学校社会。即便进入学龄期，他们在学校中也只是勉强生存，无法自由地表达自己。

本书在解释心理成长及心灵法则时，使用了很多被虐待孩子的例子，因为我在日常接诊中接触了非常多被虐待的孩子，但这并不是唯一的理由。更重要的原因是，如果能够理解这些孩子的心理状态以及他们的痛苦，反而更容易看清那些心理发展正常的普通人的心理状态。

可以说，只要能理解被虐待孩子的痛苦，就能看清人心的全貌。

因为若是连极端的例子都能理解，普通人的就更不在话下了。

第四章

青春期，命运的觉醒

——反抗父母，试图超越父母的人生观

青春期也是第二逆反期。第一逆反期的发生需要孩子在2岁前获得父母足够的爱。第二逆反期，也就是青春期的发生，需要孩子在学龄期与父母生活在一起，并且接受了他们的人生观（心灵法则③）。这时的孩子，他们反抗的目的是获得与父母平等的权利，甚至在某方面超越父母。

青春期只有打破旧的亲子关系，父母与孩子的关系才会更进一步

从出生就一直在父母的保护与照顾下生活的孩子，进入青春期后会希望远离父母，将自由的范围尽可能扩大。父母的保护所带来的安全感，这时已不足够，他们还需要平等、自由，需要自己做决定的权利。

我们的内心总是在追寻安全与安稳，这反倒限制了它在各个阶段能够自由发展的程度。

因为不被限制的自由，必定是会让人感到不安的。

对于学龄期的孩子来说，父母的人生观就是他们自由的边界。

照顾孩子、保护孩子、将生活的经验（人生观）教给孩子并带着他一同成长，这是父母应该扮演的角色，是父母的

责任。孩子继承了父母的人生观，在学校社会中找到了自己的定位，这是孩子现阶段的任务，也是他们的快乐。在孩子的学龄期，父母与孩子各自找好自己的定位，并在这个框架中保持着平衡与稳定。

若是孩子想获得与父母平等的地位，就要打破“听父母的话就能获得安全感”这一框架。但是，人的思维定式一旦形成，就像法律一样，除非被完全废除，否则就会持续发挥作用。所以，他们只能用“破坏”这种极端的方式才能让自己的生活方式发生改变。

若是孩子一直安于做个听话的乖宝宝，而父母也乐于把孩子保护在自己的翅膀下，那这种亲子关系最终很可能会毁了孩子。但这旧有的框架曾经带给亲子双方的是满满的安全感，所以破坏它的过程必将伴随着痛苦。当孩子选择与自己不同的生活方式后，父母要学会面对寂寞。而孩子在离开父母的呵护后，也要学会面对孤独。

打破陈旧的思维框架，进入新的阶段，这就是逆反期的意义所在。

青春期所追求的自由，与第一逆反期追求的有何不同

孩子在第一逆反期获得的，是决定自己在什么时间做什么事情的自由，也就是由自己决定（是否要做某事）。吃饭，并不是因为父母要求，而是因为自己想吃，这就是自己做决定的自由。反过来想，由自己决定吃饭的时间，也意味着孩子学会了忍耐，也有了规则意识。

但在这个阶段，孩子还无法决定要做事情的内容，而只能决定做事的时机。例如，父母告诉他“该去上幼儿园了”，但是因为他想自己决定去幼儿园的时间，所以会表现出很抗拒的样子。但不管怎样，他的目的地依然是父母决定的幼儿园，这一点既不会变，孩子也不会有更改它的念头。上学之后也是一样，孩子会想要自己决定做作业的时间，但不做作业这一选项其实并不在他的选择范围内。对于父母决定的目的地或是要做事情的内容，孩子并不会有异议。

在第二逆反期，孩子对于“去哪里”以及“做什么”开始有了自己的想法。这时他们想获得的自由，就是对这些事情的决定权。去哪所学校，或者是否要去上学，他们都希望自己决定。“不做作业，和朋友出去玩一晚上”也会成为他们想要的选项之一。

对父母的命运开始有了自己的认知

当孩子进入青春期，并开始为扩大自由的范围而行动时，他才会意识到自己一直被命运所束缚却不自知。

这命运就是孩子在不知不觉中一直遵循的生活方式，也就是父母的人生观。正因为不自知，所以连想要去改变的想法都不会有。

然而，当他开始想要挣脱某种束缚时，就会意识到自己以往的生活方式，也就是自己的命运完全是由他人所决定的，于是便会出现想要改变自己命运的想法。一直被灌输学习至上的孩子，会开始对此产生怀疑，会开始认为学习并不是生活的全部。从来都认为人际关系很重要的孩子，也开始不想再看他人脸色了。

青春期的孩子，开始意识到自己的命运，他们会反思父母的生活方式，并试图通过反抗或破坏的方式来决定自己未来的生活。

平稳还是激烈？
逆反期的三种类型

第二逆反期，也就是青春期的孩子需要经历以下成长过程：

在学龄期一直与家长生活在一起，与父母有着相同人生观；

在逆反期过后将拥有不同的人生观；

与父母最终形成互相理解、互相尊重的平等关系。

与父母平等关系的确立，和在社会中能够独立有着相同的意义。这也是埃里克森所说的自我同一性的确立。

逆反期结束后，父母与孩子会再次恢复良好的亲子关系。那些顺利度过逆反期的孩子与父母的关系甚至会变得比以前更亲密，对父母的信任度也会更高。

父母的固执程度决定了孩子逆反期的表现是平稳还是激烈

心智的发展必将伴随逆反期的出现。为了获得与父母平等的地位，是需要激烈的反抗，还是只需将亲子关系稍作改变，这取决于以往亲子间是否有着深入的沟通交流。就像母亲是否有足够的共情能力，决定了孩子的第一逆反期表现是否激烈一样。第一逆反期孩子反抗的主要对象是母亲（主要养育者），而青春期的反抗对象则是父母双方。

青春期的表现主要有以下三种，“Ⅰ.平稳的逆反期”“Ⅱ.激烈的逆反期”“Ⅲ.没有逆反期”。表 2 中所示百分比，是我根据日常诊察等方式总结出的，亲子问题方面的专家对此的看法与我大致相同。

表 2　青春期的三种类型

Ⅰ.平稳的逆反期	85%	（没有冲突的青春期） 父母尊重孩子的情绪
Ⅱ.激烈的逆反期	10%	（发生冲突的青春期） 父母一味严格要求孩子
Ⅲ.没有逆反期	5%	（没有逆反期） 父母曾虐待孩子

在精神科与心理学专业中，有一个专有名词叫“青春期综合征”。还有些医院专门设置了青春期门诊。亲子间激烈对立所引起的家庭暴力，孩子出现进食障碍、强迫症等青春期特有的精神疾病，青少年犯罪等青春期相关问题都可来此咨询。虽然很多人认为青春期是一个问题多发的时期，但需要到医院咨询的人仅占总数的一小部分，大多数的家庭属于“平稳的逆反期”这一类型。

平稳的逆反期（没有冲突的青春期）

平稳的逆反期也称为没有冲突的青春期。在这样的家庭中，父母往往是在理解孩子的基础上，将自己的生活方式教给孩子的。大约 85% 的普通家庭属于这一类。

处于青春期的孩子常会感到迷茫与矛盾。而令他们矛盾的，是按照父母的人生观像以前一样生活下去，还是脱离父母寻求独立。

A. 像以前一样，听爸爸妈妈的话，做个好孩子，这样的生活能使人安心。

B. 不想再继续以前的生活，想要活出自己的样子，想拥有与父母不同的人生观。

A是延续以往的人生观，B是想要摆脱现状的真实心情。这两者之间的对立也可以说是命运A与自己真实想法B之间的对立。

对于自己想要离开父母的这种想法，孩子难免会产生自责的情绪。但有时，B的这种情绪会非常强烈。青春期的孩子就是在这两种情绪中左右摇摆。

在这样的情绪中，属于平稳的逆反期的孩子会自然拉开与父母的距离，最终与父母形成互相尊重的平等关系。在这个过程中，亲子间的对立并不会很严重，也不会引发大的矛盾。最常见的，也就是不怎么听父母的话，变得爱顶嘴，晚饭后就躲回自己的房间，等等。偶尔可能也会出现几次激烈的争吵。

比如，孩子放学回家。

父母："今天在学校过得怎么样？"

孩子："没什么……"

说完孩子就钻进了自己的房间。

以前孩子会把学校发生的趣事，有关老师和同学的事都讲给父母，现在却闭口不言了；以前对父母毫无隐瞒的孩子，现在也有了自己的秘密。相比一家人一起出行，孩子会更倾向于和朋友一起出去玩。

父母虽然会感到失落，但什么都不会说。因为他们也经历过青春期，能够给予孩子足够的理解与包容。

激烈的逆反期（发生冲突的青春期）

激烈的逆反期就是会发生冲突的青春期。在孩子学龄期，若父母只是单方面将自己的人生观灌输给孩子，并对孩子形成了束缚，等到孩子进入青春期后，冲突就会非常激烈。

这些父母不懂得尊重孩子，他们固执地认为自己的生活方式、处世之道都是正确的，也是唯一的选择。在他们的固执之下，隐藏的其实是他们曾经的痛苦经历。但这些，身为孩子是无法知道的，孩子所能看到的只是对他们要求严苛的父母。举个例子，一个出生在贫困家庭的人，不得不承受经济困难所带来的痛苦。在他结婚、有了自己的家庭后，即使不用再为经济问题发愁，他也会教给孩子要像自己一样时刻保持紧张，并要学会忍耐。

家长这样做往往有两个共同的理由。首先，一个人的人生观一旦形成是很难更改的。其次，他们并没有意识到自己曾经做出的忍耐，对他人来说有多么不可思议。所以他们也理所应当地认为自己能做到的，孩子也必须做到。

学龄期的孩子还会为了达到父母的要求而努力，可进入青春期后，随着视野越来越开阔，他们认识到自己父母的生活方式与其他人的不同，并开始为父母对自己的严格要求而感到愤怒——“为什么只有我的爸妈这么烦人！”于是，他们开始想要改变父母的生活方式。

父母与孩子曾一同构建起了一方严格、一方忍耐的牢固框架。只有极度的愤怒才能打破这一框架。所以逆反期所表现出来的，就是激烈与漫长。

在这个过程中，孩子同样会纠结，情感也会动摇。

A. 我必须像以前一样忍耐，只有这样爸妈才能安心。

B. 我绝对不要再忍了，爸妈这么逼我，我恨他们。

处于激烈的逆反期的孩子，A 想法是强烈且根深蒂固的，但与之相对的 B 的愤怒情感也同样是非常强烈的，一旦爆发就会非常激烈。他们的情绪总是徘徊在 A、B 之间，摇摆不定。

而激烈的逆反期表现其实也分为两种：一种是向内的，一种是向外的。

向内反抗，主要表现为不上学、不出门、厌食、强迫症等。这种情况往往需要到精神科就诊。明明是发生在亲子间的冲突，却因为只有孩子出现了症状，就被说成“问题在孩子身上”“孩子需要治疗”。不光是家长，有些医生也会这样说。

面对父母的逼迫，孩子面前只有两条路可选。一个是再做一次听话的好孩子，另一个则是认为“带孩子去看精神科的父母实在太过分了”，并表现出强烈的抵抗。大多数情况下，孩子的反抗会很激烈，即便开始治疗，过程也不会顺利。

另一方面，若是孩子向外反抗，则容易出现夜不归宿、异性问题、违规行为，甚至酗酒、吸毒、赌博等社会问题。同样，这明明也是由于亲子对立所引发的问题，却会被认定为父母是对的，问题出在孩子身上。这对孩子来说又是一次打击。

作为精神科医生，我出诊时所遇到的都是孩子逆反期表现很严重的家庭，但若将没有去医院就诊以及未能惊动警察的情况算在内，逆反期表现激烈的孩子大约只占全体的10%。

孩子出生后到学龄期这段时间的亲子关系如何，决定了孩子逆反期会以何种模式呈现。这就是心的必然性。但作为当事人的父母和孩子，往往只有在治疗结束，青春期问题被解决之后才能意识到这一点。

父母会发现，“啊，原来是这样啊。他小时候我对他太严厉了，原来他一直都在忍着，都在努力达到我的要求”。而孩子则会感慨：“你刚知道吗，已经晚了，不过也无所谓了……”

作为青春期问题的专家，是必须了解这一必然性的。不然，若只是为了让孩子与父母和解而逼迫孩子，或只是治标不治本，反而会延长这一过程。

J 家的青春期问题及心的必然性

J 家是一个双职工家庭，夫妻俩有两个儿子，两个孩子逆反期都表现得很激烈。下面给大家详细介绍一下。

J 家的母亲在一个家教严格的家庭中长大。高中时她的成绩很好，只因家中认为“女孩没必要上大学”，而去上了一所专科学校。但在这之后，她考取了难度非常大的职业资格并找到了合适的工作，婚后依然活跃在职场。

父亲是独生子，有一位对他要求严格的“虎妈”。即便是成年后，他对母亲依然心存畏惧。

认真、严格、顽固是这夫妻二人的共同点。

这个家庭中首先出现青春期问题的，是二儿子。

在初中二年级的时候，老二开始经常和一群“坏朋友”玩到深夜，还被警察带回过警局。父亲曾不止一次半夜把他从警局接回家，第二天又由母亲出面去学校道歉。孩子却变本加厉，又出现了逃学的现象，并且还因无证驾驶摩托车被警察拘留。这种情况直到高二才有所缓解。之后，孩子经过一年的复读升入了大学，历时四年的逆反期终于结束。

母亲曾感叹：“在同样家庭中长大的两个人，怎么老大没事，老二反应就这么大呢？”

可就在一年后，刚刚大学毕业的老大患了“抑郁症”，无法正常工作了。虽然在经历了两次共计六个月的休假后，他最终重返职场，但在家休养期间，他一直把自己关在房间里打游戏，连吃饭都是由母亲送到卧室。他还会为了给父母制造麻烦，故意在网上买一堆零食，或是自己喜欢的东西。

他的这种“抑郁症”，其实就是逆反期的一种表现。

当兄弟一方的逆反期表现非常激烈时，另一方的逆反期就会暂停下来。也就是说，在老二处于逆反期时，老大就会表现得乖巧听话。可能是出于心疼父母的不易，也可能是认为兄弟俩同时反抗效果不好。不管怎样，在这期间老大一直捍卫着父母的人生观，并对弟弟的叛逆感到失望。

只要孩子属于激烈的逆反期，那就不可能兄弟同时进入逆反期。这也是心的必然性。

在家庭教育中，长子所受的压力往往要大于老二。虽说父母会认为对他们的教育方式相同，但在养育第二个孩子时父母已有了一定的经验，不安的情绪会明显减少，对孩子的严厉程度自然也会减小。

所受压力越大，反抗越严重。所以一般情况下，承受压力更大的长子会率先出现反抗的行为。在J家，却是老二先迎来了逆反期。这是由于父母所施加的压力过大，使老大的反抗意识被抑制，而承受压力较小的老二相对更容易反抗，因而两者的先后顺序出现了改变。

另外，性别也会造成一定的差异。也就是说，母亲对女儿的压力，要大于对儿子的压力；而父亲对儿子的压力，则要大于对女儿的压力。这同样也是心的必然性。

因为J家两个孩子都是男孩，所以并不存在性别差异。

经过以上分析，这个家庭中的心的必然性便一目了然了。

正确应对愤怒的方式能使亲子关系平等化

逆反期是孩子获取与父母平等地位的必经过程。但有人可能会想，若是孩子和父母一说话就吵架，无法好好沟通，那问题就一直无法解决，平等的亲子关系也就无法建立。但争吵有时是情感的催化剂，对于处在逆反期的孩子与他们的父母来说同样如此。“争吵后双方的关系会变得更加亲密”，也正是依靠这一力量，两者间建立起了平等的关系。在这个过程中，应对愤怒的方式发挥了重要作用。

孩子和父母之所以可以发生争吵，是因为他们能理解对方想要表达的意思，这也是他们一直生活在一起的结果。

举个例子，孩子抱怨父母说：“你能不能不要总是这么烦人啊！”孩子所指的烦人，父母能马上明白是什么意思，于是会反驳：“我烦人，还不是因为怎么说你都不听！”这话如果是外人听了，可能会不知道他们在说什么，他们却很清楚彼此的意思。

人生观也同样如此。

逆反期的孩子会表现出对父母人生观的不满，“我以前都是按你们要求做的，结果也不怎么样啊”。作为父母，很清楚孩子抱怨的点是什么，所以能正确地予以还击：“你说什么呢，你以为凭你那套能活下去？生活比你想象的要难得多！”在这个场景里，建立在愤怒上的交流同样成立。

其实，愤怒时正确的应对可以将以往保护者（父母）与被保护者（孩子）的这种上下级关系，变成平等的关系。

当孩子向父母表达愤怒时，父母也会为孩子说出的话而感到愤怒，并因此忘记自己保护者的角色而将怒气撒到孩子身上。孩子也清楚地意识到自己惹怒了父母，但这就是他们的目的所在。两方的怒气在地位上是平等的，不分上下。这样的情况发生几次之后，亲子间的平等关系便建立起来了。

而平稳的逆反期的情况并没有明显的愤怒，更谈不上对愤怒的正确应对，孩子只是默默地远离父母。父母感受到孩子的意愿和拒绝，虽然也是保持沉默，但孩子能从中感受到自己的想法已被父母接受。这种能站在对方立场思考的方式也使得亲子之间形成了平等的关系。

不管是平稳的逆反期，还是激烈的逆反期，逆反期过后父母和孩子之间都会形成平等的亲子关系。而亲子间的争吵，并不存在谁输谁赢。孩子改变了一部分父母的人生观，但也继承了一部分，同时理解了父母的不易。这恐怕就是常见的青春期结果吧。

没有逆反期

第三个逆反期的模式，就是受过虐待的孩子的情况，他们是没有逆反期的。他们从小就不会依赖父母，对父母没有依恋，因此没有出现过第一逆反期。而学龄期他们也没有将父母的人生观当作自己的人生观。

逆反期是拥有与父母一样人生观的孩子，获取与父母平等地位的必经之路，但对于与父母没有共同人生观的孩子来说，自然就不会出现逆反期。

受过虐待的人，无论是小学、初中、高中，还是成年后进入社会，内心都是孤独的。他们的心路历程与普通孩子完全不同。

人在和他人吵架时是不会感到孤独的，但受过虐待的孩子不但无法与父母沟通，甚至无法与他们争吵，所以是完全孤独的。

是心灵在寻求自由，还是只是身体发育的结果

我们前面从心理发展的角度分析了青春期的成因，也就是孩子想要从父母身边独立出来，获得自由。但也有一种说法，青春期的出现是刻在 DNA 中的，是必然的。

青春期的出现是下丘脑所引起的必然

青春期，也就是逆反期的出现，从生物学角度看也是必然的。

就像刚出生的孩子会出于本能而依附于母亲一样，青春期是人类发育过程中必然出现的，与之伴随而来的是第二性征的发育以及性意识的萌芽。

第一性征是指男女生理上的特征，也就是生殖器。而第二性征则是指进入青春期后，身体所出现的除生殖器以外的生理变化。男性体格会变得高大、声音变粗、开始长胡子。女性则是乳房开始发育、身材变得丰满、开始出现月经。

大致在孩子 8 ～ 13 岁，也就是接近青春期的这段时间，处于大脑最深处、最中心位置的下丘脑已经开始分泌促性腺激素释放激素（GnRH）。这便是青春期的触发因素。

这种激素会进一步刺激位于下丘脑下方的垂体（也在大脑中心并控制着全身的激素分泌），使脑垂体释放促性腺激素（FSH、LH）。

促性腺激素随血液到达女性卵巢后，会刺激身体分泌雌激素（雌二醇等）；而到达男性睾丸时则会刺激其分泌雄激素（睾酮等）。

这些激素分泌引起身体第二性征的发育，男女的身体开始出现不同的变化。第二性征的发育，男子大约在 10 ～ 13 岁，女子一般在 8 ～ 12 岁。

对待异性的态度开始发生变化

第二性征的发育在带来身体变化的同时，也会引起心理上的重大改变。

当男孩身体变得更强壮，女孩身材开始出现曲线，他们会意识到性别的差异并与异性拉开距离。所以性意识的萌芽最初会让男女双方变得疏远。曾经总在一起玩的小伙伴，现在分成了男生、女生不同的阵营。但与此同时，身体上的差异也会让他们互相吸引。随着这一力量的增强，他们又会离开同性朋友，与自己喜欢的异性出双入对。

性意识的产生，会让孩子的行为在不知不觉中发生变化。行为的变化，也会带动心理的变化。

具体的心理变化，可以参考人们恋爱时的状态。

恋爱时，人们有疏远父母、亲戚的表现都是再正常不过的。因为相比家人，恋爱中的人往往更想和恋人待在一起。节假日他们也会更想和恋人一起度过，和家人的沟通会减少，和恋人间却总有说不完的话。

没有人不想获得他人的关心。在有恋人之前，获取关心的主要对象会是自己的父母或是兄妹。当孩子取得某种成就想向别人炫耀时，首先会想到告诉自己的父母。但是进入青春期后，相比家人，他会更想获得恋人的认可。最能让自己获得安全感的人也从父母变为异性。这是人出生后心理上的一次巨大转变。

这一变化，与青春期孩子想要远离父母、寻求内心的自由是一致的。

我们之前解释过，为了内心能获得更多的自由，孩子会逐渐远离父母，但这种意识之所以会产生，其实是身体发育的必然结果。

在性意识的引导下，孩子离开父母，学会了独立。也因为现在想和恋人在一起的欲望强于和父母在一起的欲望，所以曾经与父母在一起时形成的人生观就不得不发生改变。为了不被这些旧有的模式束缚，于是选择了用反抗来打破以往的生活方式。

即便没有恋人，这一变化也会发生。放学回家后，孩子一头钻进自己的房间，听自己偶像的音乐、在网上看动漫……这些内容大多与爱情有关。就这样，在性意识的引导下，孩子们的行为发生了改变。

物质的变化是可见的、确定的，而内心的变化则是模糊的、难以界定的。

另外，因为科学是以物质为基础的，更具有客观性，所以认为青春期是从身体的变化开始的这一观点似乎更科学。

那么，内心的改变究竟是自发的，还是被动的？

这是研究心的自由与必然性的一个重要问题。

心先行，身先行？自由在前，还是必然在前

研究青春期心理与身体的变化关系，特殊情况的青春期能够提供非常重要的线索。特殊情况之一，就是青春期厌食症。

厌食症是激烈的逆反期表现中最疯狂的一种。它的导火索是母女间的激烈冲突。这些女孩往往有一位强势的母亲，并且母亲在学龄期时曾把自己的意志强加于女儿身上。

当女儿即将进入青春期时，她会开始渴求内心的自由并逐渐远离母亲。厌食症却会让人自己切断对自由的渴望。

A. 妈妈这么努力，同样作为女性的我也要像她一样努力才行，我要永远做妈妈的好孩子。

B. 我不想再按妈妈的要求生活了，什么都是她对，什么都要我忍，我恨她！

A、B 两种情绪的冲突虽然在一开始会让女儿陷入纠结，但由于母亲过于强势，女儿完全无法反抗，所以 B 的情绪最终被抑制下来。

这被压抑的愤怒最终导致了厌食症。

这里的压抑，其实是指女孩有意回避自己对母亲的愤

怒，将它封锁在无意识中。她们之所以这样做，是因为她们害怕一旦意识到自己的愤怒，自己过去的好孩子形象就会崩塌。不过根本的原因还是她们害怕被母亲抛弃。患厌食症的女孩，小时候会被母亲威胁说："如果你不听妈妈的话，妈妈可就不管你了！"虽然遗弃这件事并没有发生，但她们持续接收到这样的信息，这对孩子来说是和死亡一样恐怖的事情。

A. 我要永远做妈妈的好孩子，我要努力，要忍耐。

厌食症的孩子，内心只有 A 这一个想法（生活方式）。

B. 真实的情感（愤怒）已经消失了。

"好孩子"，就是要忍耐。

所以厌食症的孩子会认为忍耐是一种美德。对她们来说，忍耐的过程是值得自豪的，结果也是值得骄傲的。忍耐，是支撑她们活下去的力量，是她们生存的意义。最终，忍耐会与最基本的生理需求——食欲产生联系。她们会认为，如果连食欲都能战胜，她们就没有忍耐不了的事物了。

因为愤怒被压抑，所以她们意识不到自己在忍耐饥饿。也只有在她们不再忍耐的状态下，也就是对父母感到愤怒的时候，才有可能意识到自己在忍耐饥饿。但只要自己意识不到，她们的忍耐力就是无敌的。她们对自己的行为没有一丝犹豫，且不知疲惫。她们会变得极度消瘦，真的只剩皮包骨，有些孩子最后甚至会死亡。重度厌食症，包含厌食所引起的自杀，其死亡率可达5%，是相当高的。连专家们都认为厌食症是一种性命攸关的病症。

那么，我们现在回到最初的问题，青春期是身体变化在前，还是心理变化在前呢？

不可思议的是，患有厌食症的女孩很有可能出现第二性征发育延迟等症状。即便到了初高中，她们的身体依然保持着小学时的状态，心态也和小学生一样活泼开朗。她们更不会谈恋爱，总是待在妈妈身边。首次月经要么迟迟不来，要么姗姗来迟，再或者来了几次后又消失不见（闭经）。这些孩子的血液中雌孕激素（雌二醇、黄体酮）的数值低于正常值，这表明下丘脑 - 脑垂体 - 性腺这一系统的内分泌出现了问题，具体机制如下。

在极端消瘦、失去体脂肪的情况下，脂肪组织所分泌的调节食欲的瘦素会减少。这一变化会影响位于大脑中枢的下丘脑，并导致下丘脑 - 脑垂体 - 性腺停止分泌性激素，第二性征自然就不会出现。正是她们要永远留在妈妈身边的决心，阻止了身体第二性征的发育，为身体的持续变化按下了停止键。

可以认为，人的心理状态能够阻止身体必然性的发生。

若是心阻止了身体的必然，那这就可以视为心的自由。

可仔细想想，心为了压抑对母亲的愤怒早就舍弃了自由。这是拥有严厉母亲的女儿会迎接的必然结果。

所以，青春期的变化究竟是身体在前，还是心理在前，还很难下定论。

那么，我们抛开身心、抛开自由与必然这些观点，从“什么是幸福”这一角度来重新思考这一问题。

在这一角度中，不存在身与心、自由与必然的对立。也就是说，人在出现第二性征后，会想要获得更多的自由，会想要谈恋爱，因为这些对当时的人来说是获取幸福的方式。

不管是自由还是必然，只要能感到幸福就可以。

第五章

能够自由选择配偶的成年Ⅰ期

——人是以什么标准来选择配偶的

一个人在准备结婚时，会以什么样的标准来选择结婚对象呢？当然，喜欢与爱是最普遍的理由。但爱中也包含各种各样的因素，例如崇拜、尊敬、同情，也有外貌、性格、体魄、年龄、身高、收入、社会地位等。

只要深挖就能够发现，所有人都有一条共同的标准，那就是安全感。这同样也是与依恋有关的标准。人们会选择能够给自己安全感的配偶，换句话说，如果不符合这一标准，最终是不会选择进入婚姻的。这就是心灵法则①，人对于依恋的需求是与生俱来的，与他人的亲密关系也将是一生不断追寻的。依恋就是为了在对方身上获得安全感。

漫长成年期的三个阶段

Ⅰ期，自我责任；Ⅱ期，为人父母；Ⅲ期，死亡

在青春期解决了亲子间上下关系所引发的冲突后，孩子终于从父母身边独立出来，心理发展也进入成年人阶段。而加入成年人的行列，不但意味着与父母地位的平等，也意味着和其他所有成年人享有了平等的地位，是公认的社会一员了。你可以去世界上任何自己想去的地方，可以购买贵重的物品，可以和他人签订契约，但同时自己也要承受相应的风险。这时的自由已不仅限于家庭与学校，而是扩展至整个社会、人类，甚至全球。

成年期是人生中历时最长也最稳定的时期。

为了详细分析这段时间的心理发育过程，我们将其细分为 3 个阶段，如表 3 所示。这张表也是结合我的观点绘制而成的。

大家所熟知的埃里克森将心理发展分为 8 个阶段，而本书则将心理发展的过程分为 5 个阶段。和上次一样，两者相同的部分会以阴影表示出来。

埃里克森		本书	
8 个阶段	发展课题	5 个阶段	发展课题
婴儿期	基本的信任	婴幼儿期	依恋的形成
幼儿初期	自律性	第一逆反期	
游戏期	自主性	学龄期	继承父母的价值观
学龄期	勤奋性		
青年期	自我同一性	青春期（第二逆反期）	
成年初期	亲密性	成年 I 期	自我责任的确立
成年期	繁衍	成年 II 期	父母角色的确立
成熟期	整合	成年 III 期	接受死亡

表 3　成年期心理发育的 3 个阶段[1]

	发展课题
成年 I 期 （初期）	①自我责任的确立 选择配偶 作为社会一员，与其他成年人拥有同等的地位
成年 II 期 （安定期）	②父母身份的确立＝稳定的社会适应能力 习惯为人父母 习惯为人领导（为人下属） 作为社会一员，能够承担相应责任
成年 III 期 （末期）	③接受死亡 能够客观看待家人及自己的一生

若只比较两者的成年期部分，可以看到双方都把这一时期细分为三个阶段。虽然两者强调的重点稍有不同，但基本上所表达的都是共同的心理发展过程。

成年 I 期

在成年 I 期，要想真正成为一个独立的成年人，必须学会的就是承担责任。这时的你已不能再依赖父母，不能将过错归咎于父母，事情发展不顺利时不能责怪他人，要学会自己判断。你的身份也不再是孩子，而是名为某某的独立的人。这是在经历过青春期后内心所应达到的状态。

1　以埃里克森《自我同一性　身份与生命周期》为参考制作而成。

在成年Ⅰ期，人们会逐渐远离父母而选择和配偶在一起。这在埃里克森的理论中，是用成年初期的亲密性来表达的。亲密性是指处于平等地位的两个个体能够互相体谅、互相尊重并在此基础上建立起亲密的关系，而且可以长期稳定地保持这种关系。这可以理解为与理想的伴侣步入婚姻，但也可以更广泛地理解为在成年人之间建立平等而温暖的关系。

人是在与他人的交往中获得安全感的。青春期以前，孩子通过与父母的沟通来获得安全感。从成年Ⅰ期开始，人们通过与父母之外的人建立联系来增强安全感。

成年Ⅱ期

在成年Ⅱ期，父性与母性的获得是心理成长的课题。父性与母性是心理学说法，但它并不仅限于亲子关系，还包括上下级关系中上级（父母、前辈、领导）对下级（子女、后辈、下属、弱势群体）的保护、帮助、引导等心理状态。埃里克森将这种养育孩子、培养下一代的行为称作“生殖与养育”。在成年Ⅱ期，人们会通过对下级的宠爱、保护与指导来获得安全感。

成年Ⅲ期

成年Ⅲ期是人生的最后阶段，这一时期的课题是接受死亡。关于这一阶段内心的变化我们会在第七章详述。

现在让我们回到成年 I 期，详细了解这一阶段的心理变化。

在成年 I 期，大多数人与父母以外的人建立起亲密关系，找到适合自己的配偶并步入婚姻。

人在出生时无法选择自己的父母，却可以选择结婚的对象。那么，大家是以什么样的标准来做出选择的呢?

是可以完全自主选择，还是在青春期过后，虽获得了属于自己的自由的生活方式，却也保留了一半父母的生活方式，于是在选择配偶时有一半被原生家庭所束缚，自己只有一半的自由选择权?

影响伴侣选择的 IWM 理论的必然性

原生家庭对内心的深远影响

虽然配偶这一称呼我们常用在已经登记结婚的夫妻身上，但现实生活中也有很多人是没有登记的，所以我们在这里把范围扩大一些，统称为伴侣。另外，还有一些人是不婚主义者，所以我们这里按照已婚、同居、独身三种情况来分析伴侣的选择问题。

事实上，在选择伴侣这一问题上，大多数人忽视了父母及家庭的影响力。

在心理学理论中，一个人出生、成长的家庭被称为原生家庭。

原生家庭的状态，对日后伴侣的选择有着非常大的影响。因为每个人最初都只了解自己出生及成长的这个家庭是什么样的，所以在选择伴侣时会不自觉地以原生家庭作为判断标准。在了解到结婚对象的家庭情况后，才第一次与自己的家庭形成对比，并意识到：对方的家庭和我家有些不一样呢……啊，我家原来是这样的啊……

在婚姻还是由父母之命、媒妁之言来决定的时代，婚姻所体现的完全是父母的价值观，所娶 / 嫁之人的选择自然是100% 受原生家庭的影响。然而现在，不管是结婚还是不结婚，伴侣的选择权都在我们自己手中。这时，我们的自由度究竟有多少呢？

有些人并没有意识到自己受到了原生家庭的影响，却会选择与父母相似的人作为伴侣。也就是说，女性选择了与父亲相像的人，男性选择了与母亲相像的人。不管本人的想法是怎样的，我们都可以认为他们没有选择的自由，是在原生家庭影响下的必然选择。

相反，如果选择了与父母完全相反的人又意味着什么呢？例如，父亲是个暴力且专横的人，女性却找了个温柔、遇事冷静的丈夫，这也可以看作没有选择的自由。她之所以选择与父亲性格完全相反的人，还是因为原生家庭对她的影响太大了。

当一位有爱的、伟大的妈妈所培养出来的男性，选择了与妈妈同类型的女性作为伴侣，这又意味着什么呢？若是按照刚才的分析，这也 100% 是受到了原生家庭的影响，所以才会选择与自己母亲相似的人，这种选择也是必然的。但这位先生只是按照原生家庭的样子建立了自己充满爱的小家，并且生活得很幸福。这时就不能说自由是好的，必然是不好的。其实只要能够获得幸福就是好的。

话虽如此，我们在分析受到父母何种影响时，常常会忽略一些事。那就是不管多温柔、多有爱的父母，他们都不是完美的；相反，即便是失职的父母，他们也会有好的一面。

每对父母心中都有矛盾，有痛苦，也有心酸。与父母生活在一起的孩子可以敏锐地捕捉到这些。拥有一位温柔母亲的男性很容易将母亲理想化，但是因为他们能够感受到母亲内心的矛盾，所以又会隐隐感觉哪里不对，他们会选择能够弥补母亲缺失部分的人作为配偶。而一个人感知缺失的方式、对缺失内容的认识，以及弥补缺失的方式，则可以反映出这个人的生活方式。

现在我们能够知道，试图修正父母带给自己的影响，是为了获得心的自由而努力摆脱既定命运的行为。同样，女性在选择配偶时也是如此。也就是说，在自己父亲身上所感受到的缺失与矛盾，会极大地影响所选丈夫的类型，也决定了她日后生活的发展方向。

那么，人在选择伴侣时，哪些会从原生家庭中继承，哪些又是全新的选择呢?

在严重虐待中长大的人如何选择伴侣

在研究原生家庭造成的影响时，分析特殊事件是很有意义的。因为对于普通家庭来说，很多日常事情的发生是理所当然的，这就让人们忽略了这些事情发生的前提。而特殊事件能让我们看到被忽略的信息。要找到心灵法则，就必须重新审视生活中的“理所当然”，回到问题的根本。

所以我们再次选择已被多次提及的在成长过程中遭受过虐待的人来进行探讨。对他们来说，理所应当的家庭究竟是什么样的。

我们首先要分析的，是遭受过严重虐待的人的情况。所谓严重虐待，是指不管不顾，甚至不给食物；曾不止一次感到生命遭受威胁；成长环境在任何人看来都非常恶劣；受虐者本人也能意识到自己受到了虐待。

这些人长大后，大多数会选择不结婚。他们遭受的虐待越严重，这一想法就越强烈。他们不仅没有体会过家庭的温暖，没有体会过一家人在一起的幸福，甚至连“家人”这个词对他们来说都意味着冰冷和恐怖，会让他们不自觉地紧张。所以他们会认为“不需要组建家庭”“一个人虽然寂寞，却很安全，所以从来没考虑过结婚”。对受虐者来说，选择伴侣的自由极其有限。

但是因遭受虐待而受伤的内心，若是在接受深度的心理咨询后被治愈，那么他们就会生出“有些家庭是很温暖的，所以也有些想结婚了”这样的念头。还有些女性会说“只要年龄合适，想生一个自己的孩子”“虽然以前没有感受过温暖，但我想组建一个属于自己的温暖的家”。

他们所说的“温暖的家”，是指可以带给他们安全感的家人。

虽然他们没有感受过家庭的温暖，但内心的伤痛平复后，他们可以想象出温暖家庭应有的样子，并想让它变为现实。你可能认为这是理所当然的，然而，为什么他们可以想象出从来没有体验过的事情呢？仔细想想，还是挺不可思议的。

从上述例子可以看出，人的内心深处是渴望通过与人亲近来获得安全感的，而家庭则是实现这一渴望的最自然的途径。

在接受心理咨询后，这些曾遭受虐待的人找回了自己最渴望的对亲密关系的需求，自然就可以想象出温暖家庭应有的样子，因为在他们的内心深处，这是他们一直想要的。而且这时他们只是单纯地想要组建一个温暖的家庭，与社会地位、年龄、身高等其他条件一概无关。

人们为了获得幸福而选择与伴侣一起生活，但前提是和对方在一起有安全感，是对亲密关系的渴望。对于普通人来说，和其他人在一起有安全感是理所当然的事，所以反而会忽略这个前提。

不过，并非所有接受心理咨询的受虐者都能治愈内心的创伤，步入婚姻。也有很多人在考虑了年龄、经济等因素后，最终还是选择了单身。但他们不会再像从前那样独来独往，而是会开始结交朋友，与更多的人沟通交流。正因为他们单身，所以反倒更为自由。

遭受“无形虐待”的人如何选择伴侣

上面，我们分析了遭受严重虐待的人的情况。下面，我们要分析的是受虐者本人当时并未觉察的并不是非常严重的隐藏型虐待。

会让受虐者意识不到的虐待行为，并不是严重的身体上的虐待，而是以精神虐待或是疏忽照顾的行为为主。例如下面这些。

“家里不会不给饭吃”“也能正常去上学”，所以“感觉就是普通的家庭”；“但是在小学又一次发烧，很难受，却被家长说‘这点小病不能不去上学’，并被赶出了门”。(疏忽照顾)

“在学校，老师发现我状态不好，带我去了医务室，随后测出体温已到40℃，于是叫妈妈来了学校。妈妈来时一脸嫌弃，还抱怨我‘为什么要发烧’。”(精神虐待)

“在学校受到了欺负，和父母说了以后只得到了一句‘啊，怎么这样啊’，然后就没有然后了。”(精神上的疏忽)

这种虐待，周围的其他人是无法发现的，因为他们看起来和普通家庭没有区别，就连受虐者本人都意识不到自己受到了家人的虐待。

所以这些人中的大多数，在长大以后，也会和普通人一样选择结婚。

但问到他们结婚的理由时，他们给出的回答往往与普通人有着非常大的差距，例如“因为必须离开家，所以就结婚了”“对方一直催我，实在没办法再拖了”“因为大家都结婚”，等等。从这些回答可以看出，他们选择对方并非出于自愿。

若进一步询问他们当时的心情，他们会回答“内心毫无波澜”“事后回想，当时的我认为‘遵从决定’是相对安全的选择，并且这一概念在我脑子里已经根深蒂固”。也就是说，他们不会主张自己的意愿，而是会选择相对安全地迎合周围人的行为，这就是他们结婚的前提。

他们选择伴侣并非为了追求幸福，更主要的原因是获得内心的安全与稳定。

为何有人会与家暴男结婚

现在，我们再来分析另一种特殊事件——DV（domestic violence）。

DV 译为中文虽然是家庭暴力，但一般较为常见的含义是配偶或恋人等有亲密关系的人所实施的暴力行为。而家庭暴力的受害者几乎均为女性。

那么，为什么这些女性会与家暴男结婚呢？

原因既有原生家庭的影响，也有对安全感的心理需求。下面举个具体的例子。

R 女士（35 岁）已经结婚 3 年了。这一天，她终于因忍受不了丈夫的重度家暴，趁丈夫不在家时逃了出来并报了警。在这之后，她暂时躲在了避难所，等待法院的人身安全保护令（法院所作出的禁止 R 女士丈夫接近她的裁定）。

R 女士的丈夫比她大 10 岁。结婚前的他看起来温柔、可靠，并且在追求 R 女士的过程中表现得非常热情。他经营着一家公司，经济条件也十分优越。但婚后，他对妻子的控制变得越来越严格。

例如，一开始他会要求晚饭至少要有 7 道菜，R 女士按照他的要求做了，一时间两人关系还比较融洽。但不久后的一天，他突然说“这样的饭菜会让人营养不良”，并把桌上的盘子全部掀翻在地。在这之后，他不光会挑饭菜的毛病，还开始抱怨妻子做的家务，语言和身体的暴力开始成为常态。

结婚第二年，R 女士的丈夫不再允许妻子外出，开始了对她的监禁。即便如此，只要 R 女士乖乖听话，她丈夫的心情就会很好，会像婚前一样表现出温柔的一面。在外人看来，他就是一位普通的公司经营者，甚至可以说是一位体贴员工的好老板。

其实在他们结婚大概 1 年时，R 女士就曾到妇女中心就丈夫的暴力行为做过咨询。当时的工作人员强烈建议她："这么过分的暴力行为，明显已经是家暴了，你为什么不离婚呢！"但当时的 R 女士连离婚的念头都未曾有过。所以这次咨询过后，她再也没有去过妇女中心。

那么，对 R 女士选择伴侣造成影响的她的原生家庭，究竟是什么样的呢？

在外人看来，那也是个非常普通的家庭。但其实父母关系并不好，家中总是充斥着紧张的气氛。当工作不顺心时，父亲回到家会板着一张脸。吃晚饭时没有人说话，气氛很沉重。于是，母亲也变得不高兴，一言不发地吃着饭，整个用餐过程都弥漫着一种令人不舒服的紧张气氛。R 女士为了缓和这种气氛，开始和父亲聊天，试图让他开心起来。

"爸爸，今天忙吗？累不累？"

"嗯，有一点。一堆乱七八糟的事……"

“小R今天在学校被老师表扬了！”

“……是吗。”

在R女士的努力下，父亲的心情总算好了一些，她也终于松了一口气开始吃饭。

这就是R女士的原始体验。(原始体验A)

在心理学中，原始体验是指在不知不觉中，对一个人的人际交往方式产生巨大影响的儿时的体验。其中“不知不觉”是关键。虽然它并未清晰地存在我们的记忆中，却对我们的人际关系起到了决定性的作用。而它之所以会在不知不觉中影响我们，是因为这一体验在日常生活中过于常见。

在心理学中，原始体验常作为一种消极因素出现，但也有不同情况。很多人的原始体验是类似下面例子这样的幸福体验。

和前面的例子一样，父亲在工作中遇到了不顺心的事，下班回家后也无精打采的。而母亲意识到了这点，对父亲说：

“你回来啦，怎么看起来好累的样子。今天晚饭吃炸猪排哦！”

“啊，是啊，今天工作很辛苦，确实是累了，正想吃点好吃的调整一下情绪呢。”

“原来是这样啊，正好做了你爱吃的炸猪排。”

到这里，父亲的情绪已经好起来了，一家人围在桌边吃饭，其乐融融。对孩子来说，这可能是他最快乐的时间了……（原始体验 B）

现实生活中并不存在什么理想家庭，所以将第二个原始体验 B 与第一个原始体验 A 中和一下，就是普通家庭的日常生活。

现在，让我们回到 R 女士的例子。

对 R 女士来说，原始体验 A 就是要靠她的努力去改善父母的情绪，协调一家人的关系。

当她表现好时，父亲心情会变好，母亲也会高兴起来，R 女士也会因此感到幸福与安全。对她来说，安全感是她从小就追求的。所以到了适婚年龄，她也会将安全感作为选择伴侣的一条重要标准。

也就是说，R 女士通过自己的努力让对方开心，而对方也因此对她变得温柔，她就会感到安全、幸福，这个家在她看来就是美满的。

自己努力迎合对方，对方也会给予回应，这就是她所追求的安全感。而她的丈夫正是最合适的人选，因为他很享受别人取悦自己的感觉。在结婚之前，他们之间就已建立起这种关系模式。

男方在追求女方时，已经释放出了希望女方取悦自己的信号，而女方也敏感地捕捉到，并在“不经意间”开始按照男方的意愿行事。心意相通的二人当初约会时是非常开心的。如果详细询问他们当时相处的细节，就能从中发现这种关系的存在。

R 女士因为在这段关系中能够获得安全感，所以最终选择了结婚。在这之后，若是按照先生的要求准备 7 道菜的晚餐能让他心情愉悦，这样的生活就是她理想中应有的样子。

但是，丈夫的要求是无止境且不断升级的，逐渐从暗示演变为命令，并开始控制对方，最终成为想要支配对方的强烈欲望。

而他之所以如此，背后也与他的原始体验有关。

每个孩子都希望父母能够关注自己，希望自己对父母来说是最重要的。但 R 女士的丈夫这一需求并未被满足。他的渴望大多数都落空了，因此总有一种不被父母在乎的感觉。他的内心充斥着不安与寂寞，因此极度想要获得他人的关注。(原始体验 C)

于是，他强烈希望R女士“能够一直关注我”“照顾我”“不要丢下我”。但由于他的不安全感过于强烈，这种程度的关注对他来说是远远不够的。他开始“想办法不让你逃走”，要求对方“要听我的话”，支配对方的欲望越来越强。

一边是通过取悦他人获得安全感的R女士，一边是拥有他人关注才会拥有好心情的丈夫，会发生家暴的夫妻关系就这样形成了。R女士的原始体验A与丈夫的原始体验C，使他们都认为对方与他们选择伴侣的标准完美契合。

因此在一段时间内，这段关系是非常稳定的。

即便，发生了暴力。

但是当所受的痛苦到达顶峰时，R女士终于意识到了她与丈夫之间的病态关系。

父母决定孩子的一生

依恋理论的提出者鲍尔比发现，孩子年幼时与母亲的关系，会对他将来的人生产生各种各样的影响，于是他提出了内部工作模型的概念。这一模型表明一个人理解他人的方式（模板 = 雏形）是建立在幼儿时期与养育者的依恋模式的基础上的，而且在成年后也会遵循这种思维方式。

例如，当两个人第一次见面时，在客观评价对方之前，都会根据自己的内在模板先进行主观判断。

当我们的模板健全时，这样做是完全没问题的，但若是拥有像R女士那样偏颇的模板，就会形成存在暴力的家庭关系。

想象一下，当你走在路上，身后突然有人叫了一声“喂”。这个声音听起来很平淡，没有任何感情色彩。

你在回头看向发出声音的方向之前的第一感觉，反映了你的内部工作模型。

有人会感觉对方接下来会说：“对不起，可以问个问题吗？”也有人会感觉对方要抱怨说：“喂，说你呢！你干吗呢？”

“喂”这个词，单从字面意思很难判断其中所包含的情绪，所以听话者如何理解取决于他小时候的原始体验。

在本书中，我们将鲍尔比的内部工作模型列入心的必然性的范围内（在本人未能意识到的情况下会受其支配，但只要意识到就可以做出改变）。

能够使人进入家暴关系的幼儿期体验，也就是内部工作模型，一定不是人们想要的。人们不愿被会带来痛苦的人际关系所支配，所以会有意或无意避开这种人际关系的发生。同时，人们也渴望拥有能够创造幸福的自由。

从“喂”这一声招呼中感受到善意的人，他们幼儿时期的体验，也就是内部工作模型是幸福的，他们的性格也是受人喜欢的。所以这种模型带来的必然结果也是好的，不会给他们造成不好的影响。

选择伴侣的两个标准——能获得安全感、能填补内心的缺失

第一标准——在一起时能获得安全感

遭受家庭暴力的 R 女士，最初是为了获得安全感而选择了她的伴侣。对很多人来说这是选择伴侣的最基本要求，是理所应当的，而且对于在幸福环境中长大的人来说，做出这样的选择并不需要思考。

那么，想从伴侣身上获得的“安全感”究竟是指什么呢？这要从两方面分析。

一方面，是自己可以理解以及预测对方的情绪变化。另

一方面，对方可以理解你的心情，并做出回应。

也就是说，安全感是要对彼此有着相同的感觉，且能够理解彼此的情绪。重要的是“理解”，至于究竟是什么样的情绪，我们在这里无须讨论。

我们将这个获得安全感的标准代入 R 女士的情况，可以得出以下结论。

第一，R 女士非常能够理解她父亲的烦躁和沮丧。因为太过常见，所以父亲什么时候会心情不好，吃饭的时候会发生什么，她都可以预料到。这符合安全感的第一个方面。其次，当 R 女士在吃饭时，想尽办法和父亲聊天、缓和气氛，父亲给予了她回应。这不但说明 R 女士的行为取得了她想要的效果，而且她的父亲也感受到了她的情绪。安全感的第二方面得到印证。所以通过这种形式，R 女士获得了安全感。我们还可看出，即便在这一过程中所产生的情绪并不令人愉快，只要能被理解（即便只有一点）就能让人感到安全。

大多数人有着和上面提到的幸福的原始体验 B（其乐融融的晚餐）相似的体验。因此，需要被“理解”的情绪大多与家人有关，且是温暖的。这些人在选择伴侣时往往会选择同样拥有原始体验 B 的对象，并且不会刻意去考虑有关安全感的问题。

在现实生活中，既有像R女士的家庭一样通过扭曲的方式创造安全感的，也有通过温馨的方式创造安全感的。不管是哪种情况，原生家庭中安全感的创造方式，都决定了在组建新的家庭时创造安全感的方式。

从父母身边独立后与现在的家人所组建的家庭，我们称其为“现有家庭”。现有家庭中的安全感，可以体现出原生家庭中安全感的创造方式。

像R女士这样，即便遭受暴力仍然和可以给她安全感的人在一起，实在是不可思议。如果R女士体会过由温情带来的安全感，那她是不是就不会选择有家暴行为的丈夫了呢？但是，正因为她没有体验过，所以当时的她别无选择。

回想一下，人生中出现的第一个必然、最初的渴望，也就是依恋，所追求的正是安全感。我们的内心从出生的一瞬间就开始追求安全感，并且会持续一生。努力学习、努力工作、努力赚钱，这些都是为了能和其他人一起生活，并从中获得安全感。

第二标准——希望伴侣能够填补自己内心的缺失

选择伴侣的第二个标准，就是希望对方能够填补自己在原生家庭中未能得到的内心的缺失部分，即在与父母的关系中未被满足的部分。

我们以G先生为例。他的原生家庭虽然没有太大的问题，但是由于父母关系不是太好，所以家庭中总是充斥着紧张的气氛。在这样的环境中长大的G先生就变得谨慎、多虑，会为了迎合他人而失去自我。成年后的G先生总会感觉内心深处好像少了些什么。

直到他遇到了M女士。M女士性格开朗、外向，与第一次见面的人也能很快成为朋友。M女士所拥有的G先生不具备的特质吸引了G先生，让他产生了要和M女士在一起的想法。

可以看出，这就是人们在选择伴侣时的第二个标准。

至于内心所欠缺的到底是什么，我们会在第六章详细解释。这里我们只说结论，那就是人若能自由地使用三种心态，便不会感到内心有欠缺。但若其中任何一种存在不足，就会希望从配偶身上得到。

只要意识到这点，就能改变心的必然性

人生是可以自由选择的，还是被心的必然性所支配的？

我们虽然无法选择父母，但是否可以选择自己的人生？虽然无法选择原生家庭，是否可以选择现有家庭？

现在让我们来做个总结。

原生家庭会影响我们对伴侣的选择，这是心的必然性所决定的。我们在结婚之前，只体验过原生家庭所带来的安全感，所以内心对它是有依赖的。若是原生家庭很幸福，我们就会选择同样有着幸福原生家庭的人作为配偶，这是必然的。可若是原生家庭存在许多问题，我们很可能就会选择同样有问题的人作为配偶，这也是必然性所决定的。可见，无论幸福还是不幸，我们在选择伴侣时都存在必然性。

幸福的必然性谁都不想去改变，因为它不会给人带来烦恼。

那么，不幸的必然性是否可以改变呢？正如我们前面所讲，只要能够意识到这一必然，情况就可以改变。

遭受丈夫家暴的R女士，最终与丈夫离了婚，通过多次的心理咨询，理解了自己会与那样的人结婚的原因。最初，她为了获得表面上的安全感而结了婚，但通过心理咨询，她知道了自己真正想要的其实并不是需要迎合他人的安全感，而是能够在平等的基础上真诚交心、互相关心的安全感。同时她也意识到，这是她从小就希望获得的。后来，R女士通过相亲等形式找到了新的配偶。他们会宠爱对方，也能获得对方的宠爱，彼此陪伴，是完全平等的关系。他很温柔，每周都会有一半日子的晚饭由他来做，而且他很尊重 R 女士的感受。两人都在彼此身上找到了安全与稳定。

第六章

三种心态的使用方法以及成年人获得自由的成年Ⅱ期

——父母本性是给人以温暖支持的心态

成年Ⅱ期的任务，是要唤醒父母本性并学会自由运用。这也是心理发展的最终阶段。在掌握这一心态后，与他人建立联系的方式便会增加，内心也会变得更丰富。由于与他人的联系变为多频道并行，所以内心也变得更为安定。

与他人建立联系的三个层次

三个不同的层次——依赖、平等、保护

从出生到成年，我们内心的成长既伴随着不可改变的必然，也有着光明的自由。成年Ⅰ期是成年世界的入口。这时的我们会意识到自己的不足，即便不结婚，也会选择能够弥补自己缺失部分的人做伴。这一选择很大程度上会受到原生家庭的影响。但同时，这个选择也决定了我们今后的生活，是日后生活的基础。所以一旦做出选择，内心也会感到稳定下来。在30岁左右，我们会进入成年Ⅱ期。

成年Ⅱ期最大的特征，是熟悉并能灵活运用三个不同层次的心态。

这三个不同层次的心态是指：

①会享受父母、长辈的宠爱，会依赖他们；

②与朋友、同伴在一起时能够平等相待；

③能够以父母、长辈的身份保护孩子以及晚辈。

在经过婴幼儿期、学龄期以及青春期，进入成年Ⅰ期后，我们已经掌握了三种心态中的①、②两种。在随之而来的成年Ⅱ期，我们即将学会第三个层次的心态。

现在，让我们先来回顾一下学会①和②的过程。

婴儿在出生时就会主动亲近母亲，与母亲产生联结，形成依恋模式。这是因为刚刚出生的婴儿太弱小，他们需要母亲这个强者来保护自己。受到保护的孩子在与父母的关系中，学会了享受他人的宠爱、依赖他人，这也是他们最早掌握的与人交往的方式。这种关系可以表示为①父母←孩子(被宠爱 / 依赖他人)。

这一关系最初只存在于母亲（主要养育者）与孩子之间，随着孩子长大逐渐扩展至父亲，以及其他会保护自己的人，例如幼儿园老师、学校老师。那些成年后遇到自己不懂的事，或是遇到困难后会很自然地征求上司、长辈意见的人，就是小时候充分享受了父母疼爱的人。他们在职场中也会表现得很自在，游刃有余。

与人交往的第二点，就是学会平等相处，这是在学龄期所需要掌握的。进入小学后，孩子有了自己的朋友，并与朋友建立起②自己⟷朋友（同伴/承认彼此是平等的）的关系。

所谓同伴，最初可以是同一小组的成员，也可以是同年级的同学。我和A一样，B也是这样的……类似的想法让他们找到了自己的同伴。接下来，这种平等的感觉会扩展至整个学校，小学的所有人都成了自己的同伴。这种感觉还会进一步扩展至同龄人，甚至整个社会。因为有着共同之处，所以会尊重对方；因为是同伴，所以会在意对方的想法；也因为和别人一样而获得了安全感。

青春期过后，朋友间的平等关系升级为成年人之间的平等，以及对自己行为的负责。同伴的范围也扩展至一个国家、全人类甚至可能是所有的生命体。

而在进入成年Ⅱ期之后，我们要达到的便是第三个，也是最后一个层次的心态，也就是③父母→孩子（保护弱者）。

在心理学中一般称其为“父性/母性”。身为父母，关心、保护孩子；培养孩子时会考虑他们的感受；教给孩子如何立足于世。当我们能做到这些时，就意味着我们拥有了父性/母性。

父性或母性，是即便单身、即便没有孩子的人也能拥有的。我们可以将父母换成长辈、领导，将孩子换成晚辈、下属来考虑这一问题。拥有父性或母性的领导，会为下属着想，会对他们的工作做出指导、提供建议，充分发挥自己的领导作用。当下属犹豫不决时，领导能提供帮助；胆怯退缩时，能引导他们看清生活的不易。作为长辈，能够关心、帮助晚辈。能做到这些的领导、长辈即为拥有了父性/母性的人。

若是将长辈、领导换成处于强势地位的人，将晚辈、下属换成处于弱势地位的人，那么父性/母性便具有了更普遍的意义。在某些领域，社会上的强者会设法保护该领域的弱者。但一旦变换领域，强者和弱者的身份则有可能发生互换，保护者反倒成为被保护者。

父性/母性并非强者对弱者的支配，也不是为了显示自己的优越性而扬扬自得，更不是贬低对方。有这些行为的人，是不具有父性/母性的。

至此，我们获得了三个层次的心态，具体如表4所示。

表 4　三个层次的心态

①	父母←—孩子：被宠爱 / 依赖他人	依恋
②	自己←→朋友：承认彼此是平等的	同伴・平等
③	父母—→孩子：保护弱者	父性 / 母性

如何根据不同情况使用这三种心态

当我们可以在这三种心态之间自由切换时，内心的状态就会是稳定的。

之所以这样说，是因为无论在什么场合，我们都可以顺畅地与他人交流，从而缓解内心的压力。我们生活中大部分压力的产生，都是因为无法与家人或外人好好相处。所以只要能够自由切换这三种心态，这部分压力就会减少。

当一个人工作压力过大时就可能会导致抑郁，因为他不懂拒绝。但若是他能够利用这三种心态中的一种完美地拒绝不属于自己的工作，那必将是另一种结果。首次带孩子来公园的妈妈之所以会有压力，大概是因为无法与其他妈妈平等交谈吧[1]。紧张的原因就是不懂得如何与人平等相处。而青春期的孩子会在家大发脾气，或是拒绝上学，原因则是他们的父母没有充分表现出父性或母性。

能根据实际情况选择不同的心态对应，是成年Ⅱ期能够平稳度过的基础。成年Ⅱ期大约在35岁开始，直到65岁左右结束。持续时间在30年以上，是人生中最漫长，也最稳定的时期。能够自由切换这三种不同心态的人，人生必定是幸福的。因为他们可以自由地与人交流，能够彼此理解，并在与人的交往中获得内心的满足。

父母的父性／母性偏弱，孩子就会拒绝上学

为了帮助大家理解父性/母性（保护弱者的本能），我们以拒绝上学的孩子作为例子。

上初中一年级的大儿子T君，突然开始拒绝上学。父母若是逼他去学校，他就会在家里大闹一番。T君的父母向

1 对日本妈妈来说，带孩子去公园，除了让孩子玩，还有一个很重要的目的是结交其他妈妈，融入妈妈圈对她们来说是非常重要的事情。因为自己一旦不被大家所接受，自己的孩子也就容易被其他孩子排挤。——译者注

来都是很严厉的，在他们的字典里没有“宠爱”这个词。所以在家中从来都是父母说了算，孩子只能努力去遵守。父母也在这个过程中将自己的价值观强加在孩子身上。因此，T君顺从父母的心理变得越来越强烈，而应在幼儿期培养起来的“①被宠爱 / 依赖他人”则没有得到充分的培养。强烈的顺从心理又会导致内心的持续紧张，这使得本应在小学低学年获得的“②承认彼此是平等的”这一心理状态也未能完全达到。因为平等的心态是建立在会依赖这一心态的基础上的。

“顺从心态”极强的T君，由于过于在意周围人的态度而不敢做真正的自己。因为在学校总是要迎合其他同学或老师，所以他时刻处于紧张的状态，这就使本应快乐的校园生活变得非常痛苦。只知道迎合他人的这种态度，很可能又让自己成了被戏弄和霸凌的对象。在终于无法忍受这一切时，他选择了不再去学校。

那些在青春期左右（小学高学年以后）开始不去学校的孩子，问题基本就是这样发生的。

下面，我们从专业的角度再来分析一下这个情况。

T君不去上学并不属于激烈的逆反期问题。假设T君的问题是逆反期引起的，那么他理应学会平等的心态（心灵法则③为了获得更多安全感，我们的内心会经历五个心理发展阶段，并按顺序依次发展）。他不但能交到朋友，而且也不会感觉学校令他紧张。对逆反期的孩子来说，不去上学只是他们进行反抗的道具，所以即便不去上学，他们也不会把自己关在家里，而是会和朋友到处去玩。

而T君在进入逆反期以前，和父母之间就没有建立起应有的亲密关系，有的只是顺从，这才是问题所在。虽然看起来像是青春期问题，实际上背后隐藏的却是依恋问题。这种情况就连很多经验丰富的心理学家有时也会判断错。

所以要改善这种情况，需要让孩子学会依恋，把他内心的顺从用“被宠爱”来替代。为此，父母就需要加强自身的父性/母性。父母之所以会用力量支配孩子，是因为他们没有包容、保护弱者的心，也就是父性/母性并没有被充分激发。治疗（父母接受心理咨询）的结果，唤醒了父母的父性/母性，使他们学会了接受孩子的感受，而孩子也开始敢于在父母面前表现出自己真实的一面（学会了享受父母的宠爱，学会了依赖父母）。最终孩子恢复了自信，能够以平等的心态对待同学，自然也就回归了校园。

在父母接受心理咨询时，我们强调：“要疼爱孩子，要允许孩子撒娇，要引导孩子尽可能去表达自己，要让孩子学会依赖父母。”这是针对欠缺父性/母性的强化治疗。这样的治疗持续了大约 1 年。埃里克森将父性 / 母性的获得称为 generativity。这是他的自创词，来自 generate= 生成、generative= 有生产能力的、generation= 一代（人）的组合。在日本被翻译为下一代育成能力、代际性或繁衍性等。

养育孩子，并不仅限于养育自己的孩子，它关系到对所有下一代人的培养，是全社会都应尽的责任。作为父母，一定会关心自己的孩子长大后整个社会会是什么样子，这是天性使然。

当内心被填满，必然就会消失，心灵便获得自由

365天24小时与人互动

当内心被填满，人就会感到自由。

当我们感觉饥饿时，大脑就会被食物占据。这时我们一心想吃东西，基本没有其他自由选择的余地。吃东西，成了当时的头等大事。吃不到，内心就会焦躁。这就是无法避免的必然。

那当我们享用过美味的食物，口腹之欲得到满足后，又会发生什么呢？

内心会感到安稳。这时，得到满足的内心是自由自在

的，不受任何事物的束缚，于是它开始思考：现在该做些什么呢，是听会儿音乐，还是悠闲地读会儿书，抑或做会儿作业，或者再休息一会儿开始工作吧……思绪纷飞却乐在其中。

我们虽然只以食欲为例，但在成年Ⅱ期，我们可以有意识地通过满足自己的需求来实现内心的自由。其中的关键就是三种心态。

当我们满足了衣、食、住的基本需求，最能够让我们获得内心满足的就是与他人的交流，心与心的联结了。只要我们能从中获得满足，就能够实现内心的自由。

我们的生活中免不了与人的交流。从早上起床到晚上睡觉，几乎每时每刻都在发生。就算在梦中，人与人的交流也会是一个重要的主题。若每一次交流都能满足我们的内心需求，我们的人生就是自由的，也是幸福的。

当我们早上起床，无论是家人的一句早安，还是一个人住时被打开的电视机或手机，一天都是从与人的交流开始的。若能在早晨问候时与家人进行良好的沟通，内心必然是满足的。打开手机也是交流的开始，我们会被看到的文章所打动。无论是感到幸福，还是感觉很糟糕，都是我们内心的真实反应。

如何应对领导发来的让人头痛的信息

假日的清晨，当你打开手机看到了公司领导发来的消息。是昨天晚上很晚发来的，开头是："抱歉周末打扰你休息了……"无论是否需要马上回消息，这时的你已经在思考如何回复了。也就是说在看到信息的同时，你已经在思考用三种心态中的哪种来应对了。如果能够从容应对，内心就会保持平稳的状态，但如果情况比较棘手，内心就会感到不安和束缚。

以M先生为例。他35岁，单身，独居，是一位公司职员，也是同事们眼中的美食家。美味的面包和香醇的咖啡，是他每天早晨的期待。这天，他买了特别好吃的牛角面包当早餐。

而消息是部长发来的，给他布置了一项很有难度的工作。读到这个消息的M先生，会用哪种心态来回复呢?

①"哇～这活儿可不好做啊，好头疼啊！不过既然安排给我了，那我就会尽力完成。"(1-A)

"哇～这活儿可不好做啊，我不行啊。还是和部长聊聊吧。"(1-B)

这两种心态都属于第一种，领导与自己是"上"与

“下”的关系。1-A 中我对领导是绝对的服从，而 1-B 中则是会与领导商量，希望得到领导的宠爱。

②“哇～这活儿可不好做啊，太难了，不做不行吗？要不，糊弄糊弄得了。”

“哇～这活儿可不好做啊，而且不管怎么想，这个要求在实际工作中也是不可能完成的。要不随便找个理由拒绝了吧，这事还得再讨论讨论才行。”

这两种情况的心态则属于第二种，自己与领导的地位是平等的。在 M 先生心中，自己与对方现在暂时脱离了上下级关系，而是从劳动合同的视角来平等地看待双方。

③“哇～这活儿可不好做啊，我做不到吧。但没办法，公司这么要求也是没办法，领导最近看起来也累得够呛。我还是试试看吧。”

M 先生的心态此时则属于第三种，对领导的体恤。

这三种心态中，选择哪种是 M 先生的自由。只要是能让自己接受的选择，就能让他摆脱消息带来的困扰，继续享受美味的牛角面包和咖啡，重回周日清晨应有的清爽状态。

但如果所做出的选择自己无法真心接受，这件事就会一直在脑子里挥之不去。而 M 先生与部长的关系一旦固定，他在面临选择时便失去了自由。

举个例子。若M先生平时对部长言听计从，那么当他早上看到消息时会毫不犹豫地选择1-A（听从部长的指示）。虽然他会试图说服自己，但在内心深处其实还是无法完全接受。所以即便他会很快在手机上写下“好的，明白”，也迟迟按不下发送键。究其原因，是他明明对部长的做法感到不满，却只能忍气吞声接受部长的安排。

而造成这种情况的原因，则可追溯至他的原生家庭。M先生的父母父性/母性都较弱。相比孩子的感受，他们更注重自己的各种需求。这就使得M先生不擅长与人建立平等的关系，更多的是扮演服从的角色。

内心的紧张与郁闷，让M先生对眼前的牛角面包与咖啡失去了慢慢品尝的兴致。但就在他机械地大口嚼着牛角面包时，他突然意识到：

“不对啊，我为什么要接这个工作！部长强行给我指派工作，太过分了！”这也是他第一次因为对被交代的工作内容不满而感到愤怒。

于是他决定：“我还是好好和部长谈谈吧。先和他讲一下自己手里正在进行的工作，再和他确认一下这个新的工作内容……和他说这个难度太大，我做不了。”

这个想法的产生，让M的心态又恢复了平和。因为他从 1-A（服从）的交流方式改为了 1-B（获得宠爱）。

情绪突然变好，又有心情品咖啡了。幸运的是，牛角面包也还有一半。

若是 M 先生没有意识到自己内心的愤怒，他的内心就会被心的必然性所支配，“即便成年后，与人的交往方式也和小时候一样只会服从”。

但是，一旦他意识到便可以摆脱这种情绪。只要有一次顺利摆脱的经历，他就不会再被这旧日的必然性所支配。

在成年Ⅱ期，若能自由地使用这三种不同的心态，就能在与人的交往中感受到内心的自由，就像吃了美食以后感受到的自由一样。不管是在家里，还是和朋友的交往中，或是在工作过程中，每天都能够获得这种满足，每天都能够感到“自己的生活很自由”。

建立依恋模式
是实现内心自由最重要的一环

阶层构造的核心是依恋模式

我们的内心是由阶层结构构成的。所谓阶层结构，是指高层必须具备低层所具有的所有性质。也就是说，若是作为基础的“①被宠爱/依赖他人”未能实现，则第二层“②承认彼此是平等的”这一心态就无法充分发展。若是被宠爱/依赖他人的欲望很弱，而服从的欲望偏强，那孩子即便在小学交到朋友，“迎合对方”的心态也会是主要的，自己的主张被接受（也就是“被宠爱”的衍生情绪）反倒成了次要需求。自然，平等的关系就无法建立起来。因为平等关系不单是要自己接受对方，还需要对方也接受自己。

其次，若“②承认彼此是平等的”发展不充分，“③保护弱者”同样无法充分发展。首先，保护弱者的心，来自被保护的体验，也就是来自“①被宠爱 / 依赖他人”中所获得的安全感。在此基础上再加上“②承认彼此是平等的”，就可以在尊重他人的同时保护他人。若是“②承认彼此是平等的”的心态较弱，便不会生出保护他人的心，有的只是征服。

直观表示如图 1 所示。

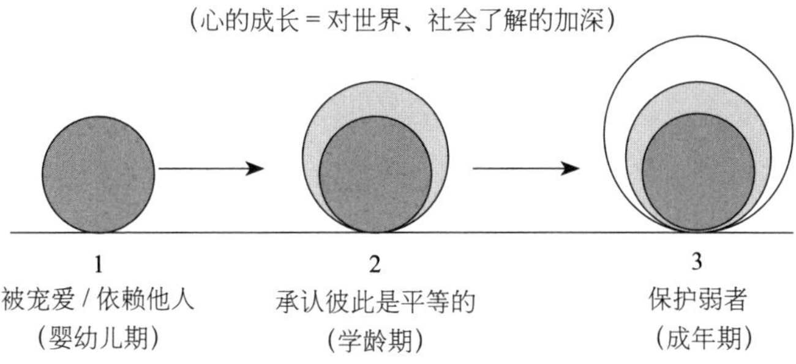

图 1　三种心态的阶层构造

图最左侧的小圆形代表婴幼儿的内心，意味着获得父母的宠爱。中间的图中增加了一个圆，代表的是平等对待朋友的心。最右侧的图代表的是成年人的三种心态。当最初的被宠爱得到满足后，才能在此基础上建立起与他人平等的关系。而只有被宠爱与平等在心中扎根，内心才有可能升起保护他人的欲望。

若是第一阶段“获得父母的宠爱”依恋模式的形成未能实现，心理的发育就无法顺利进行。而没有一个良好的开始，对今后的人生就会产生负面影响。对此，埃里克森（基本的不信任）、鲍尔比（不安的依恋）、科胡特（自体碎片）、马斯洛等人在他们关于心理发育的研究中也表达了一致的观点。

可见，最初的依恋模式的形成是比任何事都重要的。

而一个人对自己的依恋模式施加限制，则被称为回避型依恋，在第一章中我们讲过，只要自己能够意识到问题所在，就可以解除这一限制。虽然回避型依恋在遭受过虐待的人身上表现最为明显，但其实每个人或多或少都有这种情况。只要解开了心中的限制，最初的小圆就会变得更加鲜活，三种心态的切换也会比现在更自由、灵活。这就是心理轨迹的修正，是成年后也能实现的。

只要将关注点集中在心中最小的那个圆上，那个属于我们内心孩子时期的部分，并温柔地接纳它，我们便能以轻松愉悦的心态正视自己对依恋的渴求。内心的紧张一旦消除，第二个圆，以及成年之后的圆都会随之变大。那个最小的圆也被称为“内在小孩”，是需要被特别关注的。

连接人与人的三种心态

“分别使用三种不同的心态实现与他人的沟通”是第四个心灵法则。现在我们将这四个法则总结如下：

心灵法则①　人对于依恋的需求是与生俱来的，与他人的亲密关系也将是一生不断追寻的。
心灵法则②　回避型依恋会给人造成心灵的创伤，使人陷入痛苦。
心灵法则③　为了获得更多安全感，我们的内心会经历五个心理发展阶段，并按顺序依次发展。
心灵法则④　与他人的沟通需要三种不同心态，“被宠爱 / 依赖他人”“承认彼此是平等的”“保护弱者”。

现在还有最后一个问题。

大多数人在成年后已经具备了三种不同的心态，但大家都能随心所欲地使用它们吗？也不见得。

明知怎样说能让事情顺利发展，却无法做到直言不讳；

明明知道答案，却紧张到无法开口……像这样明知该用哪种心态，却用不出来的情况也不在少数。

那么，原因究竟是什么呢？

即便在成年后获得了三种心态，但仍有一些因素会让内心感到紧张。这些因素是什么呢？

我们在下一章将会详细介绍。

第七章

成年人的心智因了解二元对立而变得完美

——给生活带来各种烦恼的冲突

在拥有了三种心态后，最后一步就是要了解“内心的紧张”。只要充分认识了自己的紧张，就能更自由地使用这三种心态。只不过，紧张的感觉是无法完全消除的，因为这是在“与人产生联系时”必然会产生的。不过只要认识了紧张的真面目，就能够有效缓解紧张情绪。

因为想在与人的交往中获得安全感，所以制定了规则

想与他人发生联系时会发生的二元对立

从出生到现在我们内心一直渴望得到的，也是在出生的瞬间就开始不断追求的，就是与他人的联系（心灵法则①）。与母亲的联系，与父亲的联系，与兄弟、姐妹、老师、朋友的联系，还有与自己孩子、晚辈、下属的联系。在追求这些联系的过程中，学会了三种方式，也就是三种不同的心态。

只要能自由运用这三种心态，就能在任何时间、任何地点与他人产生联系，并因此感到满足与自由（心灵法则④）。

但是，任何生活在这个世界的人都无法完全掌控这三

种心态。因为在使用这三种心态的同时，内心会产生紧张的情绪。一方面想要与人产生联系，另一方面又会自己踩下刹车，这就是一种二元对立。

现在我们就揭示其背后的机制。当我们理解了它，就会发现生活中所有的烦恼都是这个机制造成的，于是烦恼会随之减少。

母亲对我们最初的约束

刚出生的宝宝感到饿时，自然就会哇哇大哭。这时母亲会过来抱起宝宝，给他喂奶。于是，宝宝获得了满足。过了一会儿，他因为无聊又哭了起来，母亲又来哄他。于是，他获得了安全感，他的依恋得到了满足。

那么，只要宝宝哭，妈妈就会来吗？

大多数情况下会，但有些时候妈妈无法马上过来，孩子就会因为不安而一直哭。不过只要等到妈妈到来，他就会安下心来。

在重复这些事的过程中，孩子记住了这个世界的规则。而最初记住的规则就是“只要我哭妈妈就会过来，虽然有时并不是马上就会来”。

对于充满母爱的普通母亲来说，这一规则就是亲子间的约定，是不会不遵守的。而孩子也因为知道如何与母亲沟通，所以是很有安全感的。随着依恋模式的形成，孩子也茁壮成长着。

但若是母亲不遵守约定，孩子就会陷入深深的不安。而依恋模式无法形成，孩子就会产生自我否定，认为自己不会被爱。这便是他今后痛苦人生的开始（心灵法则②回避型依恋）。也许有人不相信会有这样的事情，可这的的确确发生在了遭受虐待的孩子身上。不管孩子怎么哭，母亲都不管不顾（忽视），甚至会因为孩子哭而打他（身体的虐待）……

不过正常的母亲都会遵守约定，“虽然有时会慢一些，但只要孩子哭就会过来”。当不能马上来的时候，孩子会以为母亲不再遵守约定，会因此而不安。但只要迟来的母亲能够抱起孩子，告诉他：“对不起，对不起，我来晚了，宝宝乖。”他就会明白母亲没有不遵守约定，心也会再次安定下来。

与母亲的第二个约定——首次感受到内心的压力

约定，是孩子与父母生活中必不可少的。最初的约定，是母亲会在孩子哭时过来。这个约定让孩子内心获得了安全感。接下来，就要轮到孩子来遵守约定了。

这里我们以训练上厕所为例。

婴儿是不会控制大小便的，他们不受任何限制，随心所欲。但到了一定年龄，就要开始训练他们上厕所了。父母要教给孩子，想要大便的时候不能随地解决，而是要学会去厕所。孩子答应了父母，于是再想大便时会暂时忍耐直至来到厕所。刚开始时，这对孩子来说是很难也很麻烦的事。但随着他们自控力的增加，他们体会到使用厕所带来的方便，也能感受到自己上厕所的行为会让父母开心。

“拉屉屉了吗？”

“嗯，拉啦！”

“好棒，做得太好了！”

只要能按照约定上厕所，就会得到父母的表扬，完成约定就意味着与父母的联结又加强了。

初期，孩子还感受不到去厕所有什么好处，但慢慢地，他认识到去厕所比穿尿不湿要方便太多。学会了上厕所，他能够自由行动的时间增加了。在家，用厕所的方便自不必说。如果在幼儿园、学校、车站也能上厕所，孩子的活动范围也会大大增加。可见学会上厕所比用纸尿裤好处要多得多。

当然，训练上厕所的过程中一定会出现失败的情况。可即便母亲没有训斥孩子，而是笑着说："哎呀，拉裤子上了？"孩子也会一脸委屈，为自己没能遵守约定而不开心，担心自己辜负了母亲的期待，担心自己会被当作坏孩子，也担心与母亲的亲密关系会被破坏。

遵守约定，意味着可以维持亲密的关系，也意味着安全感。而不遵守约定，亲密关系就会被破坏，随之而来的就是不安与恐惧。

训练上厕所，是孩子与家人之间形成的约定，除此之外，孩子还要学会按时吃饭、洗脸、刷牙、洗澡，以及哪些事情应该做，哪些事情不能做。渐渐地，良好的生活习惯和行为举止便养成了。

虽然与他人在一起时，承诺越多可能会觉得麻烦越多。但其实这可以在与人交往时大大增加自己的安全感，能使双方关系更加亲密。

社会规范是人与人交往的保证，是安全感的基础

与他人的联系，支撑着我们的内心。若是与他人失去联系，则会被恐惧所包围。所以，每个人都希望通过与他人产生联系来获得安全感。

为了确保与他人的联系，我们许下承诺。这些承诺不断累积，变成了社会中普遍存在的规则。每个人都遵守着相同的规则，就能因与他人的联系而产生安全感。所以，规则就是彼此间联系的保证。

这些规则存在于生活的方方面面，比较容易理解的就是法律以及社会制度，是有明文规定的。例如，不能杀人，要遵守合同规定，要给员工支付工资，借钱要还等。

除此以外，还有很多没有明文规定，却被大家所默认的规则。例如，要互相尊重，不能利用他人的弱点，等等。更有一些平时意识不到的禁忌，例如伦理、道德、价值观之类，是在不知不觉中被同伴影响而接受的。

有意识制定的规则，与无意识中接纳的规则，两者的统合就被称为“规范”。也就是我们常说的社会规范。

当我们自身和对方都能遵守相同的规范，就会感觉彼此被相同的价值观所联结，并因此感到安心。

下面来举一个具体的例子。

在看到杀人事件的新闻后，能够消除内心不安的就是规范

在看到一则令人震惊的杀人事件的新闻后，人们会有什么样的反应？

恐惧，是大多数人都会有的。为什么会发生这么可怕的事，被害人好可怜，杀人犯怎么还没抓到，如果自己是被害人……各种念头让心情无法平静。

如果是独自一人生活，心中的不安与恐惧就会逐渐增加，晚上甚至可能会失眠。

但如果大家都对规范有着相同的理解，内心就不会过于惊慌。因为大家知道，其他人也同样会认为这则新闻很可怕，都会认为被害者很可怜，凶手很凶残，希望能早点将他捉拿归案，因此可以与他人分享自己内心的不安与愤怒。与他人拥有共同的情感，可以增加彼此的联系，同时让自己获得安全感。所以这一事件并不会让我们的内心产生巨大的不安。若是能再和身边的人聊聊这件事，确认彼此对这件事的

看法一致，内心就会更加安定。

按照规范生活，在大多数人看来是太过理所应当的事情，所以大家并没有意识到自己内心的安定是建立在共同的规范这一基础上的。

但是，从精神科那些曾遭受虐待，与他人完全没有接触的人，以及从小就失去父母生活在孤独中的人身上，我们能够验证这点。这些人没有因遵守与父母的承诺而获得安全感的经历，也不懂得与和自己同样遵守规范的人分享心情能够让自己安心。所以同样的杀人事件对他们的精神冲击是非常大的。持续不断的报道更会加剧他们的恐惧，所以他们会主动屏蔽电视、报纸、网络上的相关报道。可即便如此，他们还是会担心罪犯就在身边，担心会发生更可怕的事。他们会紧张到无法入睡，却又不得不独自面对这份恐惧。

在罪犯被逮捕后，大家又开始关心他的犯罪动机，“为什么他会杀人？”如果他的犯罪动机是常人所无法理解的，那就又会增加大家的恐惧。

不久后，有报道称这起事件是因钱而起，对这个理由大家纷纷表示可以接受，毕竟没有人不想要钱，但不可以为钱杀人，这就是规范。只有理解人的欲望与规范之间的关系，才能接受这两者所带来的结果；能够做到与他人分享自己的观点，则会让自己内心更加安定。至此，这件事在我们心中便画下了句号。

规范与欲望之间的关系，是我们理解他人言行的关键。不仅限于杀人事件，日常生活也同样如此。我们从朋友、同事的言行中去理解、接纳他们，并从中获得安全感。

规范所带来的二元对立

当上厕所不再是件难事

在规范建立起来的同时，我们的内心会相应产生一种冲突。

这种冲突，也就是为了遵守规范而产生的内心的紧张。

想小便的时候，若是没有规范，便可以随意尿在纸尿裤里，并不会有紧张的情绪，也就是冲突的产生。但在学会上厕所后，想要小便时必须忍耐，直至来到厕所。

为了遵守规范就要暂时压抑自己的情绪，内心会因此而感到紧张，冲突便产生了。在刚学会上厕所时，因为还无法完美协调自己的需求与规范之间的平衡，所以有时可能会不小心尿裤子。而上厕所是自己与父母间的约定，没能遵守约定就是对父母的背叛。我们之前提到过，在这背后隐藏的情绪，是害怕与父母失去联结。

随着如厕技术越来越熟练，我们可以为了遵守规范而轻松调整自己的尿意与便意。这时，上厕所这一规范与排便之间就不会再产生冲突了。

能够轻松实现上厕所这一行为，对我们来说是非常重要的，理由如下。

①人生的各种烦恼都是内心的冲突所带来的。而冲突是为了遵守规范而产生的内心的紧张与不安。

②如果能像上厕所一样遵守其他各种各样的规范，人生的各种烦恼就应该消失殆尽。

也许你会对此产生怀疑，但上厕所这个例子能很好地诠释这一可能性。

现在让我们再继续“学习上厕所”这一话题。随着孩子进入幼儿园、小学，他们要学习的规范越来越多。有些很轻松就能做到，有些则会增加他们的烦恼。不过为了和身边的人保持一致，他们会努力去学习、适应。

成年后，规范的范围更大，也更复杂了。虽然上厕所已能轻松搞定，但为了遵守那些复杂且难度高的规则，内心就会生出极度的紧张情绪。这就是烦恼的来源。若是不能遵守规范，就会感到内疚，感到自责，甚至羞愧。这些情绪的共同点，是对于未能遵守规范的自己的否定。长时间处于自我否定的情绪中，人就会出现抑郁倾向，严重的会发展为抑郁症。

在内疚、自责、羞愧、抑郁这些情绪背后，其实是内心的恐惧，是害怕未能遵守约定而破坏了自己与他人的亲密关系。

小学时，大人曾警告我们："不要以为谁都没看到就做坏事，举头三尺有神明。"

这话听起来有些威胁的感觉，好像不遵守规范就会被抛弃，所以孩子听到这话必定会很紧张。不过换个角度想，"只要遵守规范就不会出问题"，这又会给孩子带来安全感。

虽然我们在日后会意识到"有神明"并不是真的，但儿时受警告所带来的影响会一直留在心中。未能遵守规范时所出现的内疚、自责、羞愧、抑郁都是这一影响的延续。

过分遵守规范会引发抑郁症

抑郁症，是因责备自己不能遵守规范而导致的苦恼和沮丧，且程度已达到病态。

这里我们以工作强度过大导致的抑郁症为例。一般我们常说过劳是抑郁症的原因之一，但其实过劳只是一个诱因，真正的原因是持续不断的自责。

工作强度过大，过劳→身心疲惫→工作效率下降→责怪自己不能胜任工作，不够努力→情绪消沉→抑郁症。这就是工作强度过大引发抑郁症的过程。

推动这一过程发展的，是“即使再忙，也要努力把手里的工作做好”以及“越是辛苦的时候越要努力”这样强烈的意愿，是要遵守规范的“规范”。

“太累了，歇会儿吧。工作随它去吧。”有这样想法的没有责任心的人，是不会患抑郁症的。只是，这样的人会遭到周围人的指责。不过，若只是降低一点责任心，去向领导反映“对不起，我实在太累了，能减少一些我的工作量吗？”，同样可以防止患抑郁症。

既不会推卸责任，也不会向领导诉苦的认真、责任感强的人是最容易患抑郁症的。换句话说，过度忠于规范就会患上抑郁症。

患上抑郁症的 N 先生的新认知

患上抑郁症的 N 先生是一位 37 岁的公司职员，已婚，有一个 3 岁的女儿。

N 先生是 IT 公司的销售，业绩一流，性格沉稳，工作认真，深受领导、同事及公司晚辈的尊敬。就是这样的 N 先生，最近突然变得无精打采。平时的他工作快速高效，擅长应对客户来电，说话方式让人听了就很舒服……可现在他打电话时完全失去了气势，坐姿也变得弯腰驼背，午饭总是会剩下，两颊眼看着日渐消瘦。

于是他去了精神科门诊。

“我不行了，每天都提不起精神，没有力气，什么都不想做。老婆说我是不是得了抑郁症，我自己也感觉有点像。往后的日子可怎么办啊？真的感觉好累，晚上失眠，白天犯困，工作无法推进就会越攒越多，真不知道该怎么做才好……可又不能就这样下去。我女儿刚3岁，我知道自己应该振作起来，不然对不起我的家人。工作因为我而没办法继续，我也对不起客户和领导。我也试着努力过，但没用，完全做不到。我觉得这样的自己很丢人。想要辞职，但是又害怕。真有些不想活了……”

“这种状态有多久了？”

“大概是从今年三月末（四个月之前）开始的。”

“工作很忙吗？”

“是的，因为跟不上进度，几乎每天都要加班。”

“睡眠怎么样？”

“不好。1点左右睡着，三四点就会醒，然后就再也睡不着了。”

“食欲怎么样？”

“我有严重的头痛和身体僵硬，这让我吃什么都觉得不好吃，所以好像食量也减少了。别人都说我瘦了，称了一下确实瘦了4公斤。”

可以确定，他的确患了抑郁症。直接原因就是他连续数月的工作强度过大。

于是N先生开始了治疗之路。

医生建议N先生吃药以帮助睡眠，给他出具了诊断证明，要求公司减少其工作量，在两个月内禁止他加班。

大约一周后，他的睡眠几乎恢复正常，两周后恢复了食欲，一个月后精力也恢复了。就这样，在维持正常上班的情况下，他完全恢复了常态，又变回了那个曾经开朗的N先生。

在为N先生治疗的过程中，我们也分析了造成他抑郁的原因，就是对未能遵守规范的自己过于苛责。就像小时候尿了裤子，会为此而自责、情绪低落。不过在父母的温柔鼓励下，不好的情绪很快就会消失。因为我们知道父母理解我们，即便没能遵守上厕所的约定，也不会影响亲子间的关系。

成年后，人就要学会自己调整情绪，学会对自己说："不要太拼了！你太考虑别人的看法，已经把自己丢了。"N先生在学会表达自己的情绪后，心中的压力也得到了释放。

这次生病，对N先生来说其实是有收获的。

工作是生存的手段。在工作中必须履行义务，遵守规范，这是不争的事实。但努力工作是为了家人、为了女儿，以及想要和他们一起生活下去的自己。人不是为了遵守规范而活着。相反，遵守规范是为了更好地生活。无论是工作还是应尽的义务，偶尔无法做到也是正常的。仅此而已。

他终于理解到，“规范”（工作、义务）的存在是为了人们能更好地在一起生活。人要学会利用规范，而不能被规范所奴役。

但我们在日常生活中常常会出现这样的错觉，认为我们是为了遵守规范而活着。造成这种情况的原因，其实是我们内心的恐惧，是害怕未能遵守规范而失去与他人的联系。我们在生活中很难意识到自己的恐惧，所以就更容易被规范所控制。

抑郁症，让 N 先生直面了自己内心的恐惧。也正因如此，他才懂得了规范存在的真正意义。

知道，是学会客观地从整体分析问题

所谓知道，是能够从客观的角度看待自己与规范的关系。努力遵守规范不应成为我们的束缚，而是要看到遵守规范的意义与自己的生活之间的关系。也就是能够从局外人的角度去思考规范与自己的关系。

刚刚学习上厕所时，是很难每次都做到规范的，但很快我们就适应了。同样，N 先生也终于不再被“必须完成领导交给的工作”这一规范所困，可以轻松地应对工作了。

知道一件事，往往意味着要从中抽离。

生活在雾中的人，不会知道雾是什么。只有当他们走出浓雾，看到晴朗的天空时，才能够意识到自己曾经生活在雾中。也只有这个时候，他们才能知道雾是什么。

同样，要知道自己是什么样的，必须从自身抽离，以旁观者的角度去审视自己的生活。

规范与欲望的对立
——知道冲突的构成

冲突，是所有烦恼的根源。现在让我们从根本上分析一下究竟什么是冲突，也就是人的欲望与规范和冲突之间的关系。

人的欲望包括食欲、想睡觉的欲望，以及对亲密关系的渴求。

规范，则是与他人建立联系所需的承诺。

N 先生有着极强的责任感，他认为工作是必须完成的，但他的身体状况没办法支撑他的工作强度，这就是他烦恼的来源。长此以往，他便患上了抑郁症。

想要遵守规范的想法，与无法做到时的情绪，两者之间的碰撞就是我们内心的冲突。

想要在社会中生存下去，就必须遵守规范。只要生活还在继续，就不断会有冲突产生；只要内心有冲突，烦恼就会随之而来。

但就像我们前面讲过的，只要能够知道冲突的组成，就能或多或少地从中抽离出来，受其影响会相应减少，烦恼自然也会减少。

为了更好地知道冲突，我们再详细介绍一下冲突的组成。

选择主菜的自由

很久没吃大餐了，于是这天你和家人一起来到了一家法式餐厅。你很快就确定了前菜和甜点，在选主菜时却犹豫了。家人们都已选好，你却仍在吃鱼还是吃肉间摇摆不定。也就是说，你现在需要——

X. 味道清淡的鱼类料理

Y. 味道厚重的肉类料理

在这两者中做出选择。5 分钟过去了，你依然在纠结。

这时的你，是可以自由做出选择的吗？

当你意识到，你的选择可以不受其他任何条件的限制，你会感到幸福。而在你决定“好！今天就吃顶级的肉啦！”时，你的幸福感会更上一层楼。

但无法自由选择的场合也是存在的。

例如，你一个月前刚刚做了体检，结果显示你太胖了，要减少油腻食物的摄入。所以，你现在的纠结来自“为了健康，应该选择清淡的鱼类料理。但因为很久没有吃过大餐了，所以今天很想吃味道厚重的肉类料理”。

将主菜的选择与健康挂钩，这就是烦恼产生的原因。

如果能够下定决心，“难得奢侈一次，今天就不管健不健康了！”你的烦恼就会消失。好啦，问题也就此解决了。

但是，但是……真的可以不在乎健康吗？如果你这样问自己，那你只能继续烦恼下去了。一边遵守着健康要求，一边想吃肉的欲望又越来越强，内心的冲突就会愈演愈烈，烦恼也就不断加深。接下来，你又会为没能遵守健康要求而自责，说自己“总是这么馋肉，太没出息了”，等等。烦恼的内容又会升级至自我否定。

自己的需求能否与健康要求、规范、应该相匹配，决定了烦恼是会出现还是会消失。

这个例子中的冲突，是指应该遵守的规范 A（限制脂肪摄入），与不想遵守规范的感情B（无论如何都想吃肉）发生了矛盾，虽然行为上试图去执行规范A，但内心会因此而感到痛苦。

对于前面提到的N先生来说，规范A是必须完成领导交给的工作，感情B是太累了想要休息。

可见，选择主菜时的烦恼，与抑郁症有着共同的组成，那就是内心的冲突。

被“应该”所束缚的人生最终会让人失去活下去的欲望

现在不妨回想一下自己烦恼时的状态。

问问自己：“我现在是在为哪个‘应该’而烦恼呢？”

“哦，我是在担心自己的体检结果。”这时的你再次意识到了自己的问题所在。

也就是“是否应该为了健康，而给自己偶尔一次的大餐设限”。

为了健康，今天理应不吃肉；

作为成年人，理应为自己的健康负责；

就算再累，也应按时完成工作；

就算遇到伤心事，也要对他人表现得友善；

想要生存下去，就要努力遵守这些“应该”；

……

我们被各种各样的“应该”束缚着。从眼前的应该，到整个人生的应该，最后到生活的应该，层层捆绑。

但这些应该不是我们的敌人，而是联结我们与周围人的重要规范。

可若是不清楚这一点，我们就有可能被应该压垮。最极端的情况，就是自杀。

导致自杀的，是对没能遵守应该的自己的责备与否定。不能遵守规范、破坏了规则、无可救药、不能再（和大家一起）生活下去了、除了死没有其他选择，应该就是这样一步步把人逼上了绝路。

应该是保证人与人之间联结的基础，若是无法遵守就会让人失去活下去的勇气。可见失去与他人的联结是多么恐怖的一件事，应该的影响力又是多么巨大。

但即便没能遵守应该，只要我们能够获得他人的理解，就不会发展到想要寻死的地步。“竟然发生了这样的事，我理解你的心情。换了别人也可能会想要去死呢。”若能有人像这样给予我们温柔的安慰，我们就能知道即使没能遵守应该，与他人的联结也不会被切断，自然就不会再寻死了。

每个人从出生到现在，都有过许许多多的烦恼：

父母的责备、写不完的作业、来不及准备的考试、与朋友吵架、升学考试失败、找不到理想的工作、工作不顺心、与恋人吵架、与性有关的烦恼、与家人发生争执……

只要去深究烦恼的根源，就能发现它们的共同之处在于都是由内心的冲突引起的痛苦。也就是，做不到应该做的；明知应该遵守规范，内心却会抗拒；想通过遵守规范与他人建立联系，但既做不到遵守规范，建立联结的目的也无法达成。

无法与他人建立亲密关系，就会被孤独的恐惧所笼罩。

于是，新的烦恼出现了，那就是应该与孤独的恐惧所引发的冲突。

在了解了烦恼的根源后，我可以将其归纳为第五个心灵法则。

心灵法则⑤　一切烦恼，都源于无法遵守规范所引发的内心的冲突。

知道“应该”，放下冲突，生活会轻松起来

与他人共处会有许多应该要遵守，内心必然产生冲突。所以人只要活着就不可避免会有烦恼。

不过，这并非无法解决。只要能正确认识冲突，就能将其影响减少到最小。

其实，随着年龄的增长，我们的心胸逐渐变得宽广。曾经内心那些冲突，现在看来也变得微不足道。所以，虽然冲突不会消失，但可以通过拓展我们的思维来弱化冲突。当冲突弱到一定程度，也就不会生出烦恼了。这也正是我们在成长（心理发育）过程中所经历的。

刚刚出生的婴儿还没有规则意识，所以不会有烦恼。他们会饿、会冷、会想亲近母亲，但这都是基本的生理需求，并非烦恼。

随着心理的发育，我们学会了遵守规范，但烦恼也随之而来。儿时的烦恼之一“上厕所”，现在对我们来说已不再

是烦恼，因为我们的心智已不再是儿时的状态。患上抑郁症的N先生，是被工作中的各种条条框框所束缚而生的病。但随着他认识到自己的病因，便逐渐摆脱了抑郁症，而且再也不会因同样的事而烦恼。因为他的心胸比以前更宽广，工作所带来的冲突对他的影响已很微弱了。这就是心理的发育。从专业角度讲，N先生通过克服抑郁症这一经历，内心的状态由成年Ⅰ期发展为成年Ⅱ期。而且就像心灵法则③所讲，心智一旦发展至某一阶段，就一定不会出现倒退的情况。

当然，生活中必定会遇到各种问题、烦恼，但因为内心的冲突已小到不会再引发问题，所以无须再接受咨询与治疗。

心理咨询是一种减少、消除内心冲突的技术

心理咨询是解决烦恼的有效疗法。在治疗中会整理你所遇到的问题，并找出这些问题是由哪些冲突导致的，再解决这些冲突即可。当你知道了冲突的根本原因，即便不做任何处理，冲突所造成的影响也会因此变小，就更容易克服了。

心理咨询师必须深刻理解是什么样的冲突造成了客户的烦恼，原因如下。

第一，内心的冲突首先要被他人（心理咨询师）理解，才可能被自己（客户）“看到”。就像在浓雾中的自己不知道雾是什么一样。

第二，冲突源于害怕与他人失去联系，因此很难独自直面这个问题。只有在得到他人的理解、确认了自己与他人的联系后才能有勇气去面对自己的恐惧，去“看见”自己内心的冲突。

回顾从出生以来的心理发展历程，就不难发现其中存在的不变的一致性。那就是“知道”，是为了获得安全感而努力去了解事物的心理。

其实，“知道”这一心理行为在我们出生后就开始了。为了安心活下去，会从了解母亲开始，然后发展至了解整个家庭、了解社会。当我们了解了这个世界时，会因为其中所存在的一致性而感到安全。所谓一致性，是在各种现象背后存在的永不改变的事物。当我们知道我们内在的一致性（因了解世界而获得的安全感），与世界最深层的一致性是相匹配的，内心就会感到安稳。

将这点也加入我们的心灵法则之中，至此，六条心灵法则全部出炉。

心灵法则①　人对于依恋的需求是与生俱来的，与他人的亲密关系也将是一生都不断追寻的。
心灵法则②　回避型依恋会给人造成心灵的创伤，使人陷入痛苦。
心灵法则③　为了获得更多安全感，我们的内心会经历五个心理发展阶段，并按顺序依次发展。
心灵法则④　与他人的沟通需要三种不同心态，“被宠爱/依赖他人”“承认彼此是平等的”“保护弱者”。
心灵法则⑤　一切烦恼，都源于无法遵守规范所引发的内心的冲突。
心灵法则⑥　人的内心总是在追求自己与世界的一致性。

结　语

自由，是实现心灵法则这一必然性的过程

我们在开篇提了一个问题，“心是完全自由的，还是被必然性所支配的”。现在就来说说结论。

在对从出生到65岁左右的成年Ⅱ期的心理发展进行分析后，我们发现当自己真正的需求得到满足时，内心就是自由的。而所谓真正的需求，就是心灵法则中所提到的必然得到实现的时候，这时的我们会因此而感到幸福。

但重点在于，我们现在所渴望的是不是与六

条心灵法则所一致的真正的需求？还是因为真正的需求未被满足而产生的次要的、虚假的需求（准法则）？这点必须搞清楚。

真正的需求，开始于出生后在必然性的驱使下产生的对依恋的需求（心灵法则①依恋），也就是想通过亲近母亲来获得安全感。依恋是人最基本的需求，也是心灵法则第一次发挥作用。安全感能让婴儿感到满足，让他感到出生在这个世界上是件幸福的事情。这就是必然性被实现所带来的。但家庭环境与出生时的生活条件也注定了一些孩子对依恋的需求无法实现（心灵法则②回避型依恋）。于是次要需求产生并且开始支配我们的内心，好像它就是那个无法被改变的必然性一样。

心灵法则①会随着成长逐渐发生改变，成为更普遍的“在与他人的交往中获得安全感”，并体现在我们人生的方方面面（心灵法则③心理发展）。随着心智的发育，又掌握了与人交往的三种心态（心灵法则④三种心态）。在我们看清了以上心智发展阶段后，发现了内心深处冲突的构成，同时意识到这是我们人生所有烦恼的根源（心灵法则⑤冲突）。

从出生到成年Ⅱ期这段时间，各阶段的心灵法则背后都是有着一致性的。而这一致性所带来的，就是心灵法则⑥。

那么，关于“心是完全自由的，还是被必然性所支配的”这一问题，我的结论如下。

从出生的一刻起，我们的心智便在心灵法则的驱动下开始发育。这些法则之间存在一致性，同时它们也是绝对的、不会改变的。我们通过满足这些需求，而获得内心的自由。

也就是说，自由是通过必然的洞察得到的。我们要知道对依恋的需求是必然的，然后去执行，去实现它，就会收获幸福，也就是自由。

现在，我们可以确定到成年Ⅱ期为止有六个心灵法则，那么这些法则可以适用到人生的哪个阶段呢？成年Ⅱ期之后的成年Ⅲ期以及其后的人生甚至死亡时，又会发生什么呢？这些问题我也尚未找到答案。但是希望通过推测将其作为最后一个话题，为本书画一个句号。

宇宙自诞生至今据说已有138亿年。宇宙诞生后，在距今46亿年前，太阳系中出现了地球；38亿年前，生命出现了；而现在的人类则出现在20万年前……宇宙的历史，是利用物理法则计算出来且经过验证的。虽然宇宙里还有许多现代物理学及数学无法解释的现象，但不符合物理法则或数学公式的现象也并不存在。也就是说，宇宙的进化以及生命的进化都是遵循物理、数学规律的，也许整个人类甚至每个人、每个人的内心，都是在这个基础上发展、进化的。

作为基础的物理及数学，其中是有一致性的（自然），在这个基础上建立起来的化学、细胞、生物、进化法则中同样也具有一致性（生命），而且两者之间并不存在矛盾。另外，心灵法则中也具有一致性（心），自然、生命、心这三者之间都是协调统一的。也就是说，只要心动，作为基础的生命，以及细胞、大脑都会同时产生活动，甚至物理与数学法则也会一起产生活动。这些活动并不是由一方带动另一方，而是同时发生的。就像物理法则、数学方程是绝对不变的一样，这些活动也是绝不会改变的。

在这庞大的必然中，人带着对依恋的渴求出生了，在心灵法则的推动下成长至成年Ⅱ期。

那么，在人生最后阶段的成年Ⅲ期，心智会如何发育呢？

埃里克森认为，成年Ⅲ期是对整个人生的整合时期，这时要学会的是接受死亡，以及自己与众不同的一生。他曾说："当一个人从想换一个原生家庭的念头中解放出来，就意味着他接受了自己需要为自己的人生负责这一事实。这种感觉就像你来到完全陌生的地方，开始了完全不同的生活，并且与创造了传递人间尊敬与爱的秩序、对象以及语言的男女成了朋友。"[1]

那么，在死前的成年Ⅲ期，我们的内心是否还会再追求什么联系？扩展至什么状态吗？

---

1 埃里克森，1973，《自我同一性》，小此木启吾译，诚信书房。

在“心灵法则③心理发展”的延长线上，是否还有其他什么存在呢？

还是说，随着死亡的必然来临，遵从法则发展至今的内心会停止继续发展呢？

所有人都害怕死亡。

活着的人都没有体验过死亡，所以并不清楚它究竟有多恐怖。但这并不妨碍我们惧怕它，因为对我们来说，死亡就意味着要离开所有与我们有联系的人，意味着孤独。而孤独的恐怖，则是几乎所有人在有生之年都数次体会过的。儿时迷路的经历、身边重要的人去世的经历、被同伴排挤的经历……对死亡的恐惧，就是通过这些经历所联想到的对孤独的恐惧。

在生活中，我们会与各种各样的人建立各种各样的联结。而死亡则意味着失去所有这些联结，失去那些从出生就一直支持我们的人。

接受死亡，就意味着做好了失去所有这些联结的准备。那么，人真的可以做到这点吗？

我们之所以认为物理法则是正确的，是因为可以通过物理来预测未来。

如果心灵法则是正确的，那我们也可以用它来预测未来。从母亲到父亲，再到朋友、社会，我们的内心不断在寻求更安定的状态、更广泛的联结。这是无法被动摇的心灵法则。那么，如果内心继续追求更加稳定的状态、更加广泛的联结，会发生什么呢?

物理法则是不受时间限制的。也就是说，正确的法则既适用于过去，同样适用于未来。一万年以前随着火山喷发飞出来的石头，它的轨迹与昨天从火山口飞出的石头轨迹，可以用同样的法则来计算。因为法则不受时间限制。

所以如果心灵法则是正确的，那么它同样可以不受时间的限制。而内心不受时间的限制也就意味着时间不存在了。相信很多人都有过心中的时间停下来的体验。比如，当我们被某事深深打动时，全身心投入某件事时，与这件事完全融为一体时，时间就会停止。这个时候没有了自己与他人的区别，自己虽然还是自己，但自己也并非自己。所以这个时候的内心是与万物相连的，自然不会感觉到孤独。

这种状态在很多文化中都有提及，并且它们所表述的都是相同的。

那就是内心被完全打开、完全联结上的状态。

这时的内心也处于完全自由的状态。

如果心灵法则是正确的，那么其后期很可能就会沿着法则的方向发展。

所谓幸福，是必然得以实现。

而必然是法则。

我们要以法则为基础，去追求自己的幸福，并将其实现。

决定你人生的，是你的心。